数字 + 生态 | 21世纪先锋建筑丛书 | 薛彦波 仇宁 主编

画式 + 拟造
动形 + 虚建
Greg Lynn的形式主题

URBAN ECOLOGY

中国建筑工业出版社

图书在版编目(CIP)数据

动画形式＋虚拟建造——Greg Lynn的形式主题／薛彦波,仇宁主编.—北京：中国建筑工业出版社,2011.7
21世纪先锋建筑丛书
ISBN 978-7-112-13289-8

I.①动… II.①薛… ②仇… III.①建筑设计-作品集-美国-现代 IV.①TU206

中国版本图书馆CIP数据核字(2011)第109132号

责任编辑：张幼平
责任校对：陈晶晶　赵颖

21世纪先锋建筑丛书
动画形式＋虚拟建造
——Greg Lynn的形式主题
薛彦波　仇宁　主编
*
中国建筑工业出版社出版、发行（北京西郊百万庄）
各地新华书店、建筑书店经销
百易视觉组制版
北京顺诚彩色印刷有限公司印刷
*
开本：880×1230毫米　1/32　印张：6¾　字数：368千字
2011年6月第一版　2011年6月第一次印刷
定价：58.00元
ISBN 978-7-112-13289-8
　　　(20720)
版权所有　翻印必究
如有印装质量问题,可寄本社退换
（邮政编码　100037）

今天的建筑学面临空前严峻的挑战,住宅、交通、土地利用方面的问题以及能源和资源日益枯竭、生态环境恶化等,正以人类生存发展的大命题方式直接逼问;而在建筑学专业内部,受学科自身自律发展内在动力的驱使,求新求变的欲望日益强烈。那些困扰着历代建筑师的基本命题依然等待着与时俱进的解答:什么样的造型风格能够反映时代的精神?建筑怎样满足所处时代社会生产和生活提出的各种复杂的要求?建筑对于人的意义是怎样的?如何定义建筑之美?建筑学的发展方向何在?应当怎样处理继承与革新的矛盾?新的科学技术为建筑提供了什么新的可能性……

回顾20世纪的后四十年,世界建筑领域表面喧嚣,实则沉闷。后现代主义、新现代主义、解构主义,你方唱罢我登场,各领风骚十几年。尽管建筑师和建筑理论家们可谓是呕心沥血,花样百出,但这些流派与运动最终也只是对现代主义建筑某些方面的不足,如人文关怀和个性特色方面的缺失进行修正和改良,很难说有多少实质性的突破。预示和制约未来发展方向的信息和条件更多来自建筑学之外,这远远超出了仅将研究重点局限于形式与风格的探索者的视野。

在西方发达国家渐次进入后工业时代之后,社会生产与生活方式已经发生了深刻的变化:社会日益富裕,消费成为影响社会运转最重要的因素之一;福柯、德里达、德勒兹等后现代哲学家的思想广泛传播;计算机、材料技术、互联网及信息技术飞速发展;全球化趋势加速;由能源危机引发,人们开始对可持续发展及生态危机进行全方位思考等。在内部自律发展的驱动力之外,正是这些变化外在地影响或制约着建筑学的发展趋势。

后现代哲学思想

现代科学将理性主义导向排除主观因素介入的完全客观的一元论,结构主义哲学更是将生动真实的大千世界归结为简单的秩序与普遍性法则,世界的复杂多元性被视为肤浅的表象,而被简化归纳的结构秩序等同于本质。

20世纪60年代以来,福柯、德里达、德勒兹等后现代哲学家的思想日益受到重

似，他们在各自著作中从不同角度对现代主义的一元宏大叙事的权威性进行不留情面的反驳与颠覆，揭示真实世界的多元复杂性以及长期被主流文化忽略压制的非主流亚文化的价值与意义。后现代主义意味着一种世界观或生活观，即不再把世界视为统一的整体，而强调其多元、片段化和非中心的特点。

以德勒兹为例，他的思想有意挣脱和抵抗既有的或传统的社会文化的束缚，以开放性、增值性的思想观念阐释世界的多元和生命的混沌。他借助"块茎"、"高原"、"褶子"、"游牧"等概念，提倡充满活力的差异、流变、生成、多元的后结构主义观念。德勒兹的"褶子"象征着差异共处、普遍和谐与回旋叠合，有无限延展、流变和生成的开放性和可能性，是统一与多元性共存的平台。在经济全球化与文化数字化的时代，褶子导致人类转向开放空间，从而生产出新的存在方式和表达方式。"游牧"指由差异和重复运动构成的、未结构化的自由状态，事物在游牧状态下不断逃逸或生成新的状态。"块茎"是非中心、无规则、多元化的形态（区别于树状结构的中心论、规范化和等级制），块茎图式是生产机器，它通过变异、拓展、征服和衍分而运作，永远可以分离、联系、颠倒、修改，是具有多种出入口及逃逸线的图式。

致力于探索建筑学发展的当代新锐建筑师在这些后现代思想家的理论中找到了打破理性主义束缚的思想依据；20世纪中叶诞生的非线性科学理论为突破线性科学对人类思维的制约、研究复杂多元的问题提供了全新的视野与理论方法。传统的艺术及建筑创作原则如统一、协调、完整性等也随之丧失了合理性的基础，而漂移、变异、流动、生成等成为建筑创作中常见的观念。当然，就像德里达的解构哲学一些概念被生硬地借用到建筑领域一样，德勒兹的后结构主义哲学概念也存在被庸俗化、工具化的状况。一些建筑师和建筑理论家从他众多的哲学新概念中提出一部分，只是作了望文生义的意象化处理，并在建筑的形态中以直接或隐晦的方式表现出来。

消费社会和图像化时代

后工业时代消费社会的基本逻辑是人们能够通过消费的对象定义自身的个性和身份地位，这种情况下，人们消费的主要是物作为标示差异的符号意义，于是，作为消费对象的空间，其形态的识别性和差异性就显得尤为重要。另外，在信息和图像化风潮的影响下，建筑形象吸引了越来越多的公众的关注，建筑师也需要个性鲜明的作品来获取成就与名声。事实上，一些建筑的影响早已超出建筑领域成为公共话题，而其建筑师也像娱乐明星一样风光无限。这种对外观形象的重视在数字虚拟、高速计算机的结构计算和图像信息传播技术的支持下更显出先声夺人的优势，形态和表皮成为建筑学研究的热点，建筑方案的表现手段已经反过来开始影响设计的理念、程序和方法。

全球化

信息技术的发展造成了新一轮的"时空压缩"，也促进了文化和社会生活的巨变。全球性的信息和资源流动正在改变着人们的生存条件，一些原来的区域性、地区性的观念产生了新的变化。非物质化的虚拟生存、虚拟社区的发展切实改变了人们的生活观念和生活方式，也引发了空间场所与人的关系的进一步变

是一些有国际影响的明星建筑师,在全世界的建设热点地域都能看到他们的身影。

生态危机与可持续发展战略

人类近两百年来对能源和自然资源毫无节制的滥用所导致的恶果在近几十年中集中地显现出来。今天的世界面临资源枯竭、能源危机、生态危机、环境危机、人口膨胀、发展失衡等诸多问题,总起来看就是人类的生存危机。

建筑是人类最重要的生产活动之一。我们从自然界所获得的50%以上的物质原料都是用来建造各类建筑及其附属设施,这些建筑及设施在建造与使用过程中又消耗了全球50%左右的能源。在环境的总体污染中,与建筑有关的空气污染、光污染、电磁污染占34%,建筑垃圾占人类活动产出垃圾总量的40%以上。作为资源利用和环境污染的大户,如何提高综合循环利用,探索节约资源、能源,减少环境污染、提高建筑科技含量和经济效益的绿色可持续性建筑,是建筑界当前面临的最大课题。

国际建筑设计界对建筑的认识在观念上已经发生了重大转变:如从注重建筑作品本身的经济、技术、艺术价值扩展到建筑作品的生态价值和社会价值,从注重建筑产品的建造过程转向注重建筑产品的整个生命周期等。

计算机、新材料、新技术

千百年来,建筑师遵循着线性思维方法,依靠自己的空间想象力,在头脑中设想建筑形态和空间关系,以二维的图纸或三维实物模型表达设计成果(其间虽有高迪这样的天才尝试突破,但毕竟是个例,且由于建造技术落后,其作品历百年未能完成)。今天,借助于计算机的数据和图形分析技术、虚拟技术和数字化控制制造技术,自由的、流动性的、形体和空间关系的复杂程度远远超出人想象力的非线性形体可以轻松地设计并制造出来。计算机技术不仅是建筑形体设计及成果表达的手段,随着编程、参数设计、形体生成等方法的普及,它对建筑设计的影响已经上升到观念和方法论的层面。当前的数字建筑,不仅其设计过程高度依赖计算机软件技术,在建造手段上也离不开数控机床等计算机辅助制造技术。

此外,层出不穷的各种新型建筑材料(如高强度材料、节能材料、环保材料及各种综合材料等)和节能环保技术,也为建筑探索提供了有力的技术和物质材料支持。

无论对于形式风格探索还是生态、节能、环保、结构和空间等内在品质的提高,突飞猛进的计算机技术为建筑学打开的是一扇革命性的大门。

具备了哲学的、社会的、经济的和科学技术的条件,似乎建筑学的发展就要掀开新的一页了。

20世纪初,建筑史上最具颠覆性的变革——现代建筑运动的发生即是如此。在其影响下,人们对于建筑功能、建筑美学、建造技术、材料科学,乃至对于建筑价值层面的理解,都发生了革命性的转变,并且控制界建筑领域达半个世纪之久。现代建筑运动虽以集中、爆发的方式出现,但其酝酿的时间却在百年以上,综合了工业革命以来政治、经济、科技、哲学、人文、艺术等各领域的成果才得以实现,又恰逢两次世界大战造成的巨大的建筑需求量,其影响才达到如此深远的程度。

21世纪已经过去了10年。今天回顾百年前的现代建筑运动,并非暗示我们又站在了建筑革命的转折点上,因为有太多的不确定性让我们无法作出如此乐观的判断。任何建筑思潮和风格的产生,都与当时的时代背景息息相关。在价值和评价标准多元化的后现代社会里,再期待出现一种像现代主义一样放之天下而皆准的主流建筑设计思想或风格显然已不合时宜。

当前城市、社会和自然环境面临的问题,对于建筑学的发展来说是严峻的挑战,也是难得的机遇。在建筑师多元化的探索中,有两个大的方向已成热点:一个是延续建筑学自律发展的惯性(这也是多数建筑师最热衷的),进行功能、建筑空间及形式风格方面的探索,计算机虚拟技术为这种研究提供了前所未有的条件;另一个是从可持续发展的立场,致力于研究节能、环保的生态建筑。也有很多前卫建筑师将这两个方向综合起来,在进行功能、空间及形式风格等方面研究的同时,探索一种充分利用最新科技成果的,能够让人、自然和社会和谐相处的可持续性建筑。

本丛书选择在这两个方向的理论研究和设计实践方面有较大国际影响的建筑师或建筑事务所的作品作较为详细的介绍。Vincent Callebaut提出的"信息生态建筑"是一种智能并可与人类灵活互动的建筑原型,一个联系了人与自然的有生命的界面。他的研究力图将非有机的建筑系统进行有机化改造,以使这种能取得人类与环境平衡的新的绿色建筑融入生态系统中。IaN+事务所的新生态学并不限于常规意义上的生态环保,而是指与建筑相关的地理、气候、经济、人口、技术、艺术、文化等因素的复杂关系系统。他们的研究以一种特殊的方式将建筑、景观与这个复杂系统联系起来,进而激发有益的资源利用及技术开发。Greg Lynn是数字建筑理论的奠基者之一,从20世纪90年代中期开始,其事务所就已经成为利用动画软件进行建筑设计的先锋,其创新实践在年轻建筑师当中产生了广泛的影响。他的研究致力于以建筑形式表达当代技术的流动性、灵活性及复杂性,并创造性地将建筑的功能性、文化性和建造的可行性与电脑技术支持下的形态表现方式联系起来。R&Seic(n)事务所探索了通过技术虚拟手段把握不可接近的世界的可能性。为了打破理性实证主义和决定论对建筑的限定和约束,他们尝试利用动荡、不安的暂时性和偶然性,结合一系列既定的解决方案,来完成一种介于梦幻时光和未来之间的建筑。ONL是由艺术家、建筑师和程序员共同组成的多学科的建筑设计工作平台,他们在设计和生产过程中融入高超的交互式数字技术,将富有创造力的设计策略与大规模定制的生产方法相结合,使构成元素各不相同的几何形复合结构的建造成为可能。

这些国外新锐建筑师的研究与实践创造力、想象力丰富,成果显著,为建筑学发展乃至人类生活方式的转变提供了新的启示与思路。但作为实验性的前卫建筑探索,其发展还面临着一系列外在条件的制约。对于数字建筑和生态建筑,其设计与建造需要有雄厚的经济和技术力量支撑,另外,在日益全球化的时代背景下,这些前沿的建筑设计研究与实践如何与项目所处的自然、社会、经济和文化环境的相适应等,都需要大量细致的深化研究工作。所以,尽管它预示了建筑学发展的一种方向,但对我们来说,这些前卫探索最值得学习的应该是其研究的态度、立场和方法,而不是方案的生搬硬套或低级的形式模仿。

contents | 目录

格雷戈·林恩形式 008

孢泡 011
流体墙 012
瞳 / 艺术与科技博物馆 022
生长的达达 / 佛罗伦萨, 意大利 032
意象力量 / 纽约办公室 038
圣·加伦·康斯特博物馆 /
圣·加伦, 瑞士 042
斯纳文住宅 046

花儿 053
世界方舟 / 哥斯达黎加 054
奥地利花朵 072
阿莱西咖啡茶具2000 078
错杂之光ICA 084
社会学都市 088

维管束 095
西尔斯大厦 / 芝加哥, 美国 096
纽约世界贸易中心重建方案 / 纽约, 美国 098

碎硝 103
纽约港务局 /
港口三重桥架通道设计方案 106
纽约基督教长老会教堂 / 纽约, 美国 108

氢馆 / 奥地利 112
胚胎学住宅 116
宝马 / 莱比锡中央大楼设计方案 134

表皮 139
掠食者 / 维克斯奈尔艺术中心 140
亮丽生活 / pglife.com 148
资源集团公司总部大楼 / 英国 154
自动贩卖机 /
Oskary Vony Miller第31街的竞赛作品 158

牙齿 165
梦幻盒子 / 梦幻34 166
隐形棋盘 / Dietch项目 170
威特拉"馄饨"休闲椅、矮凳和小桌 174
盛开的住宅 178

枝桠 187
加地夫海湾歌剧院 / 威尔士 188
欧洲中央银行 / 法兰克福, 德国 194

骼构 202
躁动的仃格尔 / 分离博物馆 204
"分歧"——N.O.A.H.(新外大气层住宅) 208

格雷戈·林恩形式

格雷戈·林恩形式是以美国建筑师格雷戈·林恩名字命名的建筑事务所，1994年成立于新泽西州的伊洛波肯，后为了充分利用南加利福尼亚州制造业和娱乐业的知识和技术资源，又迁至加利福尼亚州的威利斯。事务所是一个先锋设计团队，一直处于使用计算机辅助设计的建筑领域的前沿。其独一无二的前沿设计结合了与南加州的宇航工业紧密相关的制造和建造技术以及汽车和电影工业，形式奇异且富有创造性。事务所作为一个经验丰富的国际项目协作者，参与了精巧的室内设计到公共住宅等多种项目。事务所曾经与五个知名设计公司组成了一个名为联合建筑师的设计团队，并在世界贸易中心大楼的竞赛中提交了入选的七个方案之一。格雷戈·林恩形式是一个忠于设计质量和创新精神的事务所，具有领导一个融合各种专业知识和资源的跨学科设计团队的能力。与事务所相关的方案、出版、教学和写作在接受和提倡运用高级技术进行设计和制造方面已经具有了相当的影响力。

格雷戈·林恩是格雷戈·林恩形式的总设计师，他以建筑学（环境设计学士）和哲学（哲学学士）的双重学历毕业于俄亥俄的迈阿密大学，并取得了建筑学的硕士学位。早年融合哲学和建筑学方面的学习，让他一直尝试通过写作和教学把设计与建造的现实与一种推想的、理论的和试验性的潜能结合在一起。在建立自己的事务所之前，他在彼得·埃森曼的事务所里工作了四年，并担任过卡内基·梅隆研究院一个高技术研究室设计负责人及辛辛那提州立大学设计、艺术、建筑和规划学院一个4000万美元的校园建筑综合体的方案设计负责人。除了设计实践，他同时还在美国和欧洲进行广泛的教学活动。担任瑞士的苏黎世联邦高等工业大学的空间概念与探索课程的教授和哥伦比亚大学的助理教授，在世界范围内进行教学和演讲活动，并于2002年秋成为奥地利维也纳的"应用"研究生导师。目前，他还是加利福尼亚大学洛杉矶分校的工作室导师和耶鲁大学的达文波特教授。

格雷戈·林恩形式的建筑设计受到过大量的嘉奖。由于对新媒介技术在建筑中的试验性运用，他们的作品常常以个人和团体性参与的、关注技术的创造性和革新性运用的艺术展览形式出现，在国际性的建筑艺术博物馆、美术馆和范围更为广大的世界性展览中广泛展出，包括2000年意大利威尼斯建筑双年展的美国馆、奥地利馆和意大利馆，奥地利维也纳分离派博物馆"躁动者"展览，格拉茨的施泰尔马克艺术节的"潜伏的乌托邦"展览，美国俄亥俄州哥伦布斯的维克斯奈尔中心的"掠食者"展览，德国慕尼黑新建筑博物馆的开幕展览，韩国的釜山双年展以及意大利米兰家具节，等等。

在一次展览中，格雷戈·林恩事务所曾经展示了上百件小型的快速原型模型，这些三维静物都是从他们设计的建筑体的动画中提取出来的，展品与装置包含了画廊空间、陈列柜、模型和演示屏，传达了一种数字性的突变与活力。当应邀参加维克斯奈尔艺术中心的"身体机械"展览时，他们启动了一个叫作"胚胎学住宅"的计划，此计划从一个三年研究课题发展成为一个能够大批量生产的具有个人化特质的房屋住宅项目。在这个装置当中，他们运用电脑参数控制对一栋房屋的部件进行机械化的制造，这些部件在尺寸与形状上都存在着精确的差异，这使得私人住宅的大规模定制和个性化变异有了无限的可能。2003年1月，在格雷戈·林恩的策划下，美国费城当代艺术协会举办了一个名为"错综复杂"的展览。正像它的名字所暗示的一样，这个展览旨在聚集与传达当代建筑师、时装设计师和艺术家的精美技术，丰富多样的作品因为它们在细节上的复杂性、对于图案的革新运用以及表皮与媒介的关联性而被选中参展。在这个展览中，格雷戈·林恩事务所设计了一种错杂的天棚来为展览上的单个展品和相互交错的展品同时提供双向的照明。格雷戈·林恩形式事务所在装置设计与展览设计方面的广泛实践为我们带来了艺术家与公共团体所拥有的知识和见解。

从20世纪90年代中期开始，格雷戈·林恩的事务所就已经成为使用动画软件来创造新的建筑设计可能性的先锋。他们多次举行关于建筑设计理论相关内容的演讲，著有《交叠》、《体块与斑点》、《随笔集》、《动画形式》以及《胚胎学住宅》等著作。通过教学、讲座以及出版，他们的研究已经对当今的年轻建筑师和设计师产生了相当可观的影响，格雷戈·林恩被《时代周刊》评选为将对21世纪产生深远影响的100位革新者之一。

建筑设计的实践及其产物能够参与到重新界定文化和环境的过程当中，格雷戈·林恩形式的设计工作即基于以上原则展开。他们渴望将当代技术的流动性、灵活性和复杂性以建筑的形式表达出来，倡导创造性地将建筑的功能性、文化性和建造的可能性与一种新的形态表现方式关联起来。由于这种实验的尝试，他们标记在每一个具体的文脉、预算与功能的基础上的项目美学不可避免地变化着。通常，这种具有灵活性的设计尝试将依据精确变化的光滑表面所构成的流动空间来进行。这种连贯的形式语言在近年的众多领域中均有发展，而在建筑设计当中，他们发现这样的表面有利于创造一个严密而且可适应的空间。这些结构引领了事务所在专业前沿上的革新地位和建造方案的实现。

在格雷戈·林恩形式看来，每一个新的方案对于设计团队和客户来说都是一个新的挑战。正如建筑本身一样，设计过程也是多年的理论和技术的准备以及持续研究的一部分。由于与更广泛的知识性文化的交织，格雷戈·林恩形式的设计过程已经超越建筑本身扩展到一个更广阔的公共领域之中。这就使方案与客户双方都能够在一种高度的可见性下进入超越建筑本身的物质文脉的公共环境之中。

通过在美国和欧洲的项目，格雷戈·林恩形式将传统的设计事务所重新定义为一种跨越了地理和专业界限的协作体。他们不仅服从而且依赖于专家、顾问以及使用者的投入。他们广泛参与分布在全球范围内的设计团队，并且与国际性的和地方性的顾问和建筑师共同工作。通过开拓电子网络的信息转换，格雷戈·林恩形式已经有能力将地理上迥然相异的工作团队整合为相互凝聚的设计小组。使用这种方法，他们便可以同时吸取地方经验与国家专家意见的有利之处。他们积极地借用由航空学、海军、汽车、工业设计、物理地质学和电影工业等一系列的学科所发展起来的电脑软件和硬件。这些方法适用于建筑设计并给其带来不可预见的、有趣的结果。

本书分孢泡、花朵、维管束、碎硝、表皮、牙齿、枝桠、骼构8个主题介绍了格雷戈·林恩和他的同事近些年在数字构建技术方面的成果，借此了解他在建筑空间、美学和设计方法等方面所作的探索。

01 ╳ 孢泡
BLEBS PROJECT

格雷戈·林恩建筑理论中的孢泡是一个空间囊,在建筑学意义上,是一个通过表面自身相交叉来捕获的空间。大多数计算机软件利用自动环形切割功能来消除这些来自表面的元素。孢泡在事务所中被发现,是由于环形切割一成不变地遵循表面几何学的精确性、面板的节奏模式以及控制的顶点,关掉环形切割功能,一些微小的体量得以在设计的表面上荡漾开来。这些小体量由笛卡儿叶形线的曲线,以及巴加斯蚶线、麦克劳伦三等分角线、tschirnhaus幂函数曲线、freeth的肾型线、环索线、花瓣曲线以及高原曲线形成。这些自交曲线用来在连续表面上创造体量化的囊状空间。

流体墙

格雷戈·林恩的父亲曾在美国集装箱公司工作。在那里，幼年的建筑师曾被各式各样的塑料制品包围。现在，大约半个世纪之后，以石油为基础的商品正在慢慢变成新的奢侈品。我们每天的生活被各种塑料制品环绕——塑料水瓶、漆成金属质感的塑料车、塑料家具、身体里的塑料置入物、水泥中的塑料添加剂、塑料的墙体材料、塑料光扩散板、台式电脑上薄薄的塑料屏幕，等等。半透明塑料的利用是如此普遍，在建筑物中甚至要超过玻璃了。

"流体墙"是第一个用塑料堆砌而成的"建筑"，它将日常的生活带入建筑砌体结构体系中。"流体墙"分量很轻并且能承担自身重量。它不需要用工人或者石工技术的专业知识，也不需要用湿法泥浆技术来达到水平和精确的效果，而是由一个机器人精确切割它的接头和连接部分。不依靠于砂浆接缝，甚至不用粘合在一起，这些砖状物用一种修理车子挡泥板的工具焊接在一起。

在文艺复兴时期，宫殿被设计成为一种集华丽与简约、优雅与淳朴于一体的建筑。石块被切割，因此它们上面就有了一些平面用来堆积和粘合，但是这样一来，建筑表面的效果就变得开裂和质朴。"流体墙"就是这样一种带有质朴感的当代的墙。每块砖状物都是三叶状的，这样它们就能从头到尾卷到一起，当在一些坡面上旋转的时候，它们就变得更加有起伏感，像铰链一样。

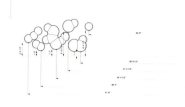

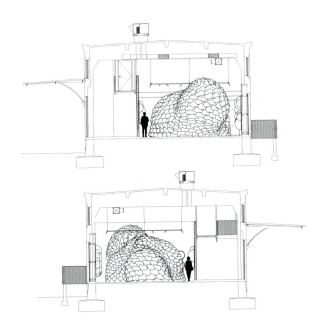

砖状物都是中空的,这样"流体墙"就能够被点亮。每一个砖状物里都装了一个由电脑控制的小灯,在晚上,"流体墙"通过它灵动的砌体结构活跃起来。这不仅是一个工业设计产品,同时还是一个建筑,就像孩子的玩具一样。

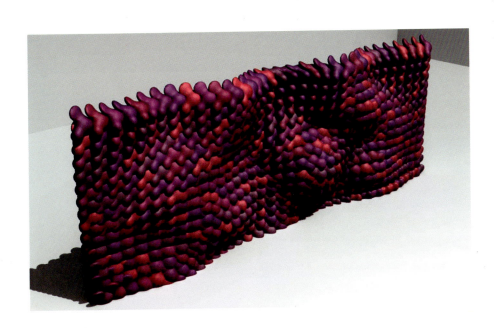

泡泡/流体墙

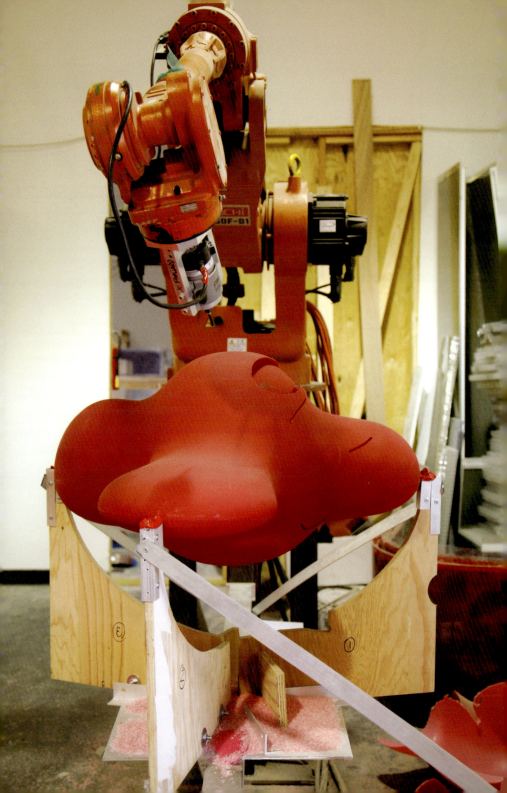

瞳 / 艺术与科技博物馆

瞳工作室艺术与科技博物馆不仅是为国家的艺术与科技发展建造一个象征性标志，更是在物质世界与电子世界之间建立一种永恒的膜。整栋建筑被包裹在具有类似于新媒介帆布和电子演示空间两种性质的表皮当中。它作为一种永久性装置不加修饰地闯入曼哈顿的天际线，使不断变化的消息和图像投射成为可能，并且在公众与大都市环境之间建立了对话。

从经济和技术的角度去理解建筑的表面，它在城市中的特定位置上变得比内在空间更具有价值。大厦本身就是一种媒介、另一类的播放频道。它是第一次应用在建筑物表面的非营利性移动图像，并由此使建筑成为一个国际性的标志和一个尺度空前的新媒体灯塔。

通过基础上的错杂交叠，媒介表皮创造一种空间囊状物来作为行人与博物馆的文化和项目进行交流的入口。内部有一个中性的灵活性层级，并经由固定的入口通行来确定，来自博物馆的图像与城市意象混为一体。入口是博物馆的物质与视觉循环的节点。

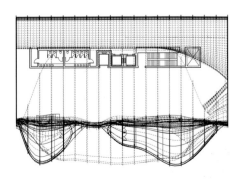 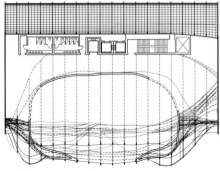

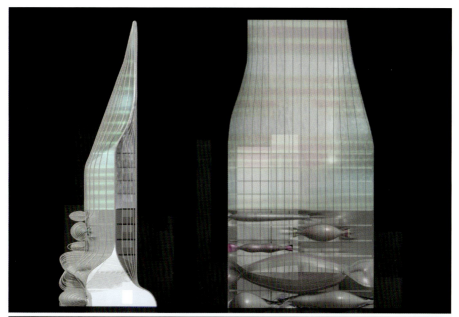
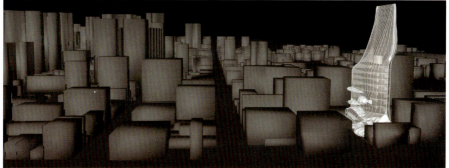
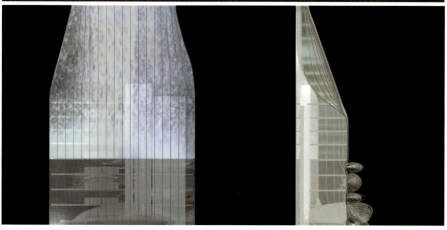

孢泡／瞳

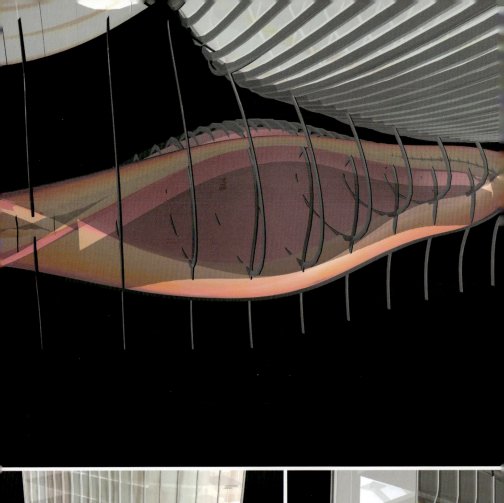
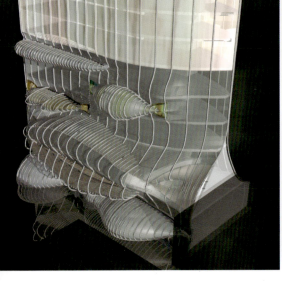

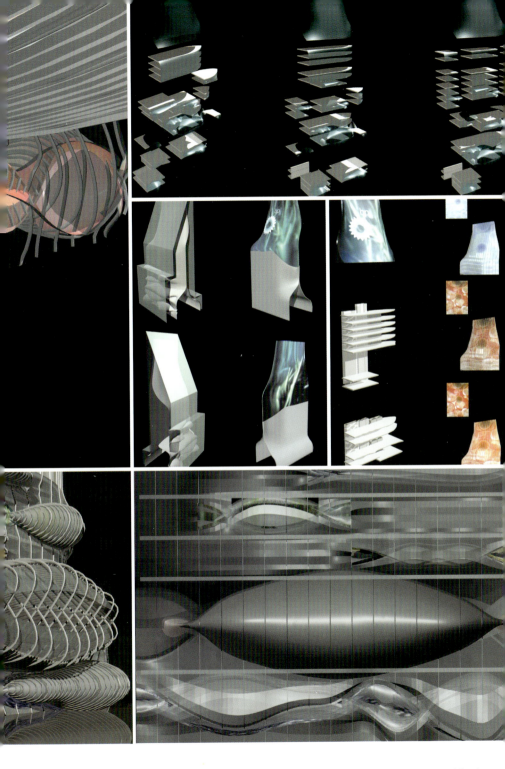

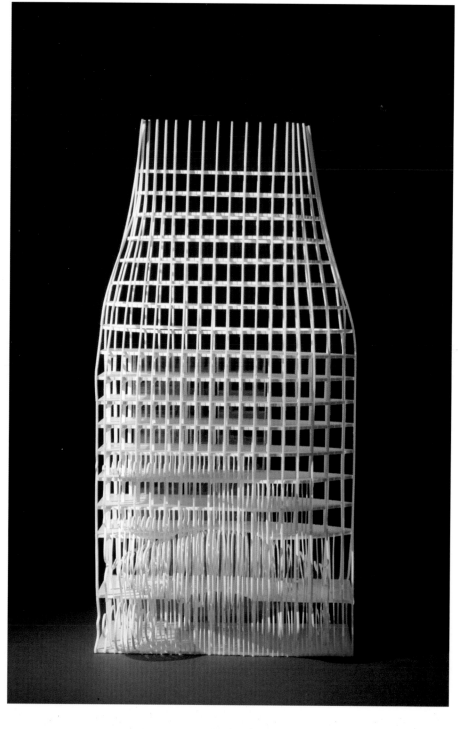

抱泡／瞳

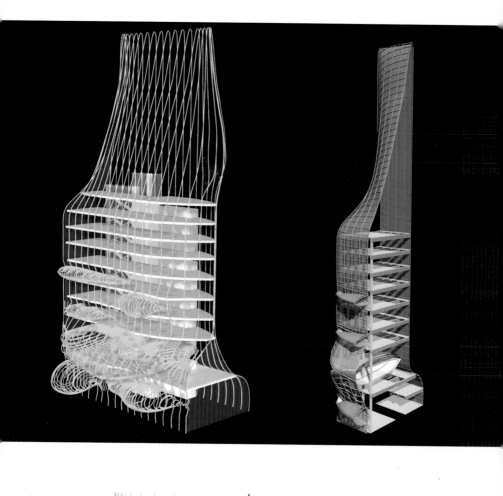
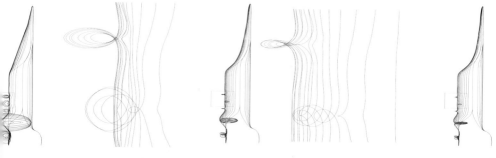

动画形式 + 虚拟建造

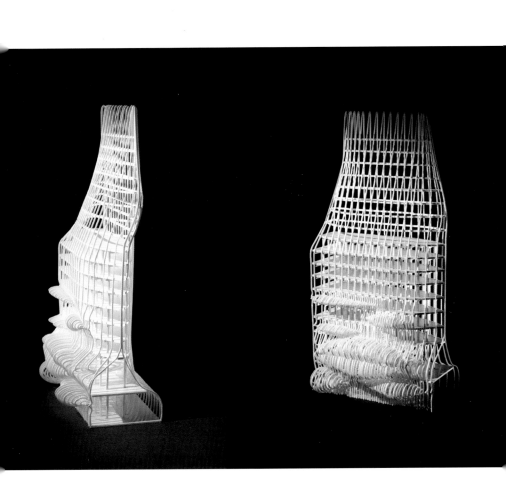

抱泡 / 瞳

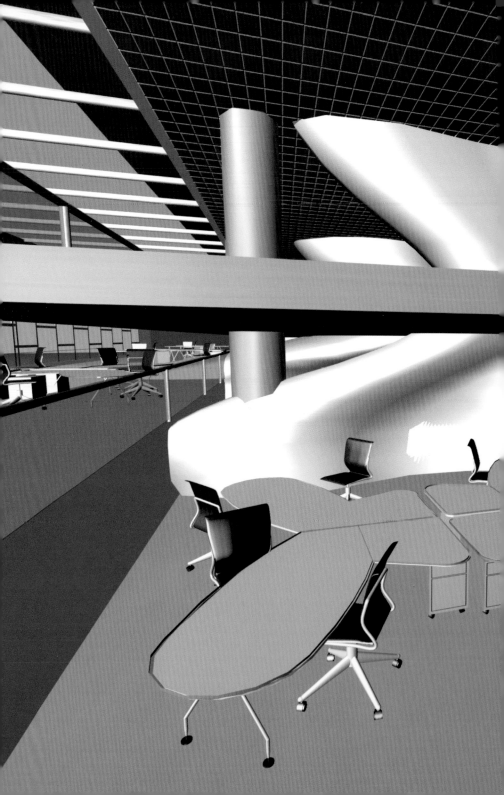

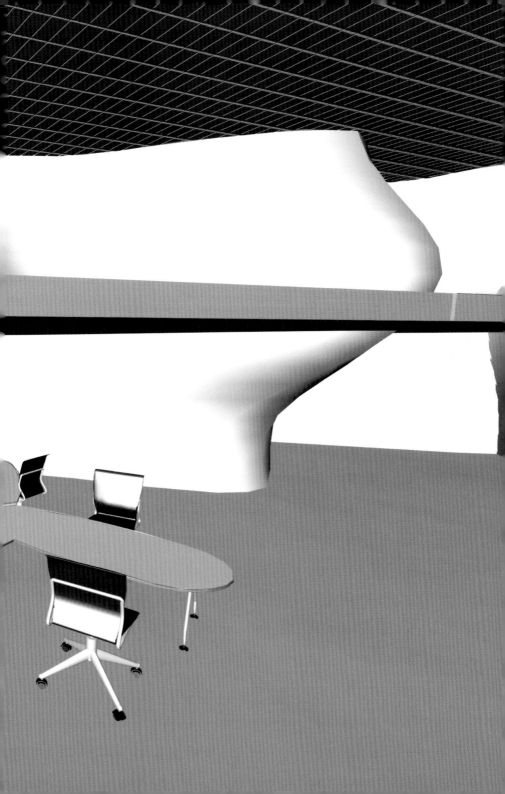

生长的达达 / 佛罗伦萨，意大利

为国际创意大赛所作的设计提案——生长的达达——起源于6个有机化的概念："强度节点"、"梯度场地"、"错杂连接"、"集中干预"、"感官沉浸"和"专业合作"。建筑师将达达公司的组织化图标转换成一种建筑空间组织的新图形，并与现存的两层空间、入口、垂直循环以及投递点交互。这一策略通过明确和增强公司机构的功能性来转变建筑物内部的空间气氛。

信息技术已经孵育出新的组织结构和一种以强度节点为基础的新型室内景观。空间通过对监督和管理节点、传播和交互节点的强调，而使得松散的组织性工作与休闲场地变得有特色。内部景观拒绝了典型的办公室方格样式，而代之以一种工作团队所需要的梯度场地来形成有机的办公室格局。受到公司座右铭"一个相遇的地方；有能力展现世界上所存在的利益、文化、激情和生活方式的多样性"的启发，建筑师设计了一个由形式、材质、光和奢侈享乐的多样性空间互相渗透的环境。

在整个建筑中，没有两个室内空间是相同的，但在它们之间同时又存在着一致的连贯性和可识别性。洋溢着曲线美的内部以其空间上的流动性为公司内部不同的部门间所需要的合作、交流以及创造提供了有力的保证。内部空间的材料品质也保证了这种气氛的流动性和半透明性。

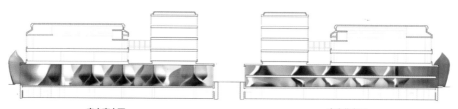

室内南立面　　　　　　　　　室内北立面

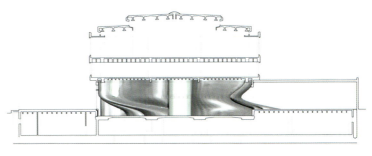

室内东立面

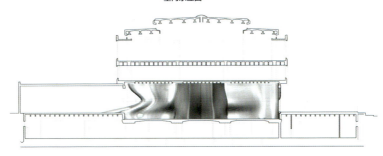

室内西立面

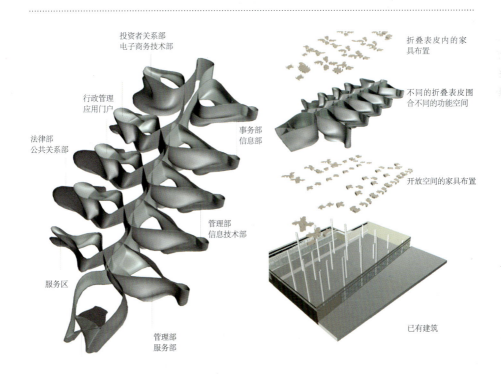

投资者关系部
电子商务技术部

折叠表皮内的家具布置

行政管理
应用门户

不同的折叠表皮围合不同的功能空间

法律部
公共关系部

事务部
信息部

开放空间的家具布置

管理部
信息技术部

服务区

已有建筑

管理部
服务部

孢泡 / 生长的达达

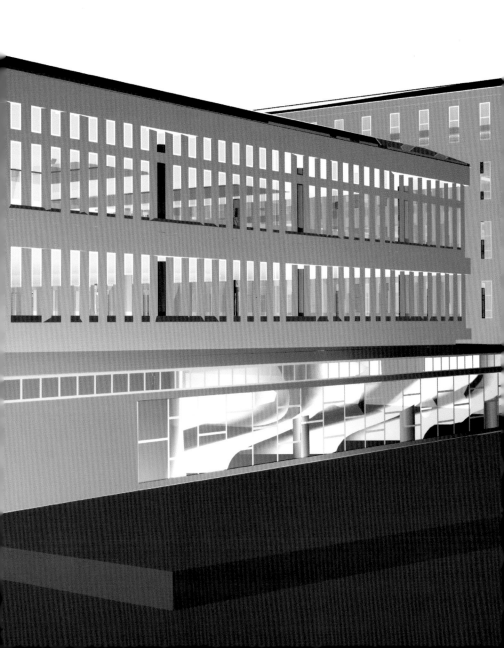

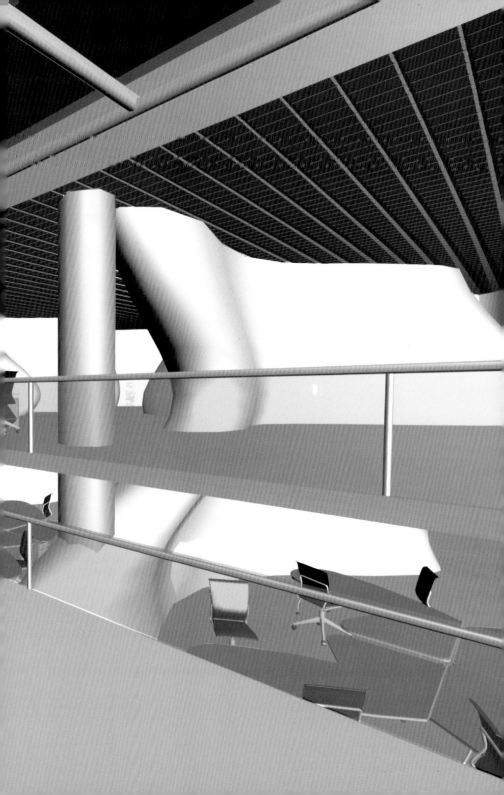

意象力量 / 纽约办公室

在艺术展上的平面造型设计和传播项目中，与从事动态图形和电影片头设计的"意象力量"公司进行多次合作后，格雷戈·林恩应邀为该公司设计其位于纽约的新总部办公楼。这个位于切尔西的三层内空间改良方案被浓缩在一道连续垂直贯穿所有层级的墙体上。它把位于六层的顶层天窗和连接四层与五层之间的内部楼梯排成一线。每个楼层空间都被分为两个区域并沿一道东西向的轴线组织起来。这道墙由铝制饰钉固定白色半透明玻璃纤维薄片建造而成。在需要进行垂直分配的位置，墙的表面发生弯曲并与自身相交，创造出了一系列被称为"孢泡"的囊状小空间。这些孢泡是三维曲线化的体量，其中包含了囊状门、搁架和光井。这些孢泡是由真空构成的PETG塑料建筑板材建造而成，并依赖弯曲的玻璃纤维墙的断面在其边缘支撑。与建筑师在"掠食者"装置中第一次创造性地使用的真空成型、整体印制和肌理化的塑料室内墙体建筑面板类似，数字彩色印刷和三维浮雕被设计融入这道墙。业主将自行按照设计图样来生产浮雕模板和面板印刷。

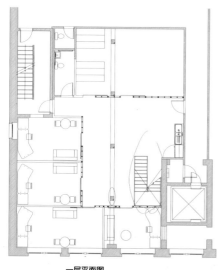

一层平面图

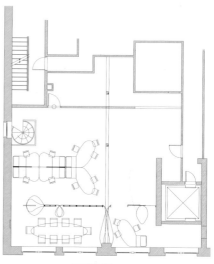

三层平面图

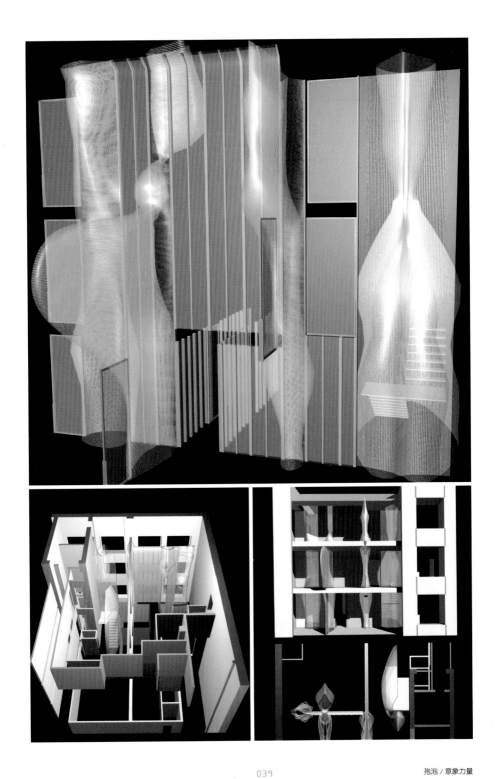

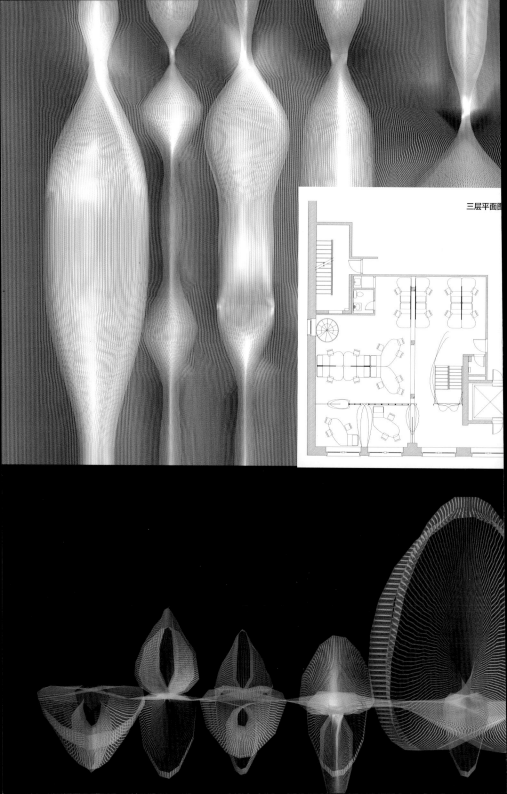

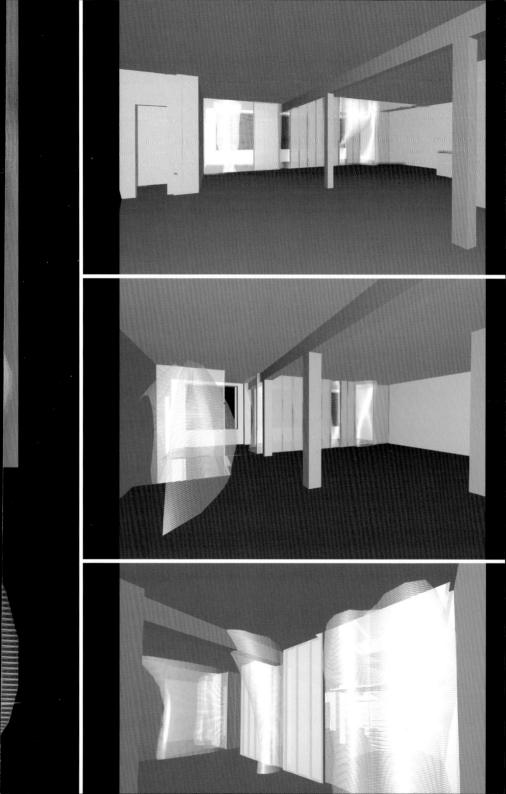

圣·加伦·康斯特博物馆／圣·加伦，瑞士

圣·加伦·康斯特博物馆是一个非常特殊的欧洲机构，因为在同一个建筑之中，它包含了一个自然历史博物馆和一个极端前卫的当代艺术博物馆。这个方案的设计受到两个因素的极大制约。首先，现存建筑的可见表面没有一处可以接触、改造和覆盖。其次，扩建部分的总平面必须要延伸与博物馆背后公共公园的联系。这两个制约因素暗示了一种与现存的艺术陈列馆的隐秘连接。建筑师把本应该设置在地下的档案馆和库房漂浮在这一低层扩建建筑之上的两层当中，低层扩建部分的屋顶则扮演了广场的角色，并制造了一个通向附近公园的纪念性入口。室外屋顶和广场之间设置了三个被夹住的体块，每一个都包含了能够同时从城市和公园看到的独特的雕塑艺术陈列馆。

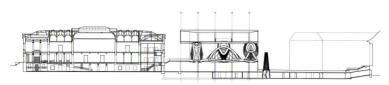

自然历史博物馆与艺术博物馆剖面

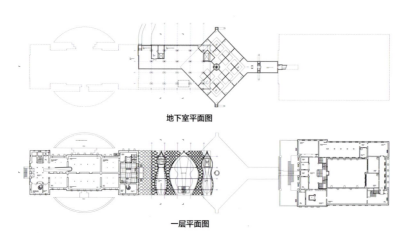

地下室平面图

一层平面图

公园方向立面

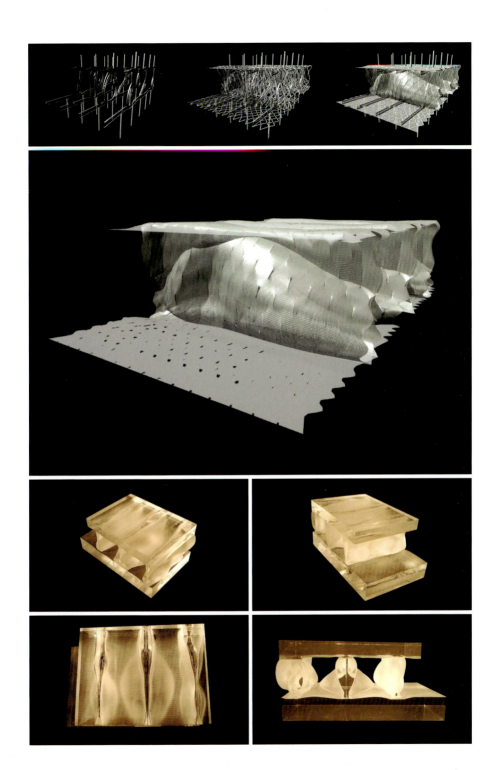

泡泡／圣·加伦·康斯特博物馆

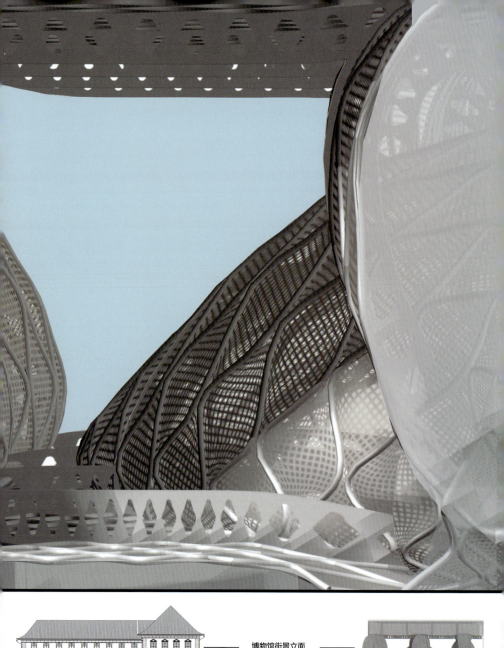

 博物馆街景立面

博物馆街方向剖面　　　　　自然与艺术博物馆方向剖面

斯纳文住宅

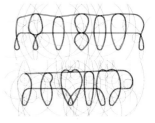

现代住宅,更具体地说,加利福尼亚的住宅,曾经被非物质化和扩张的强烈愿望所支配。现在,比起普通照明,人们总是更倾向于稠密型冷光,而在面对无尽的空虚的时候,我们也更欢迎那些丰富的累赘。这个威尼斯住宅将内外的空间交叠入一个占据了整个三角形地面的单一的多气孔环境中。一个单层的高度可居住性桁架结构定义了房间的容积,由两根连贯伸出并呈放射状弯曲的钢质管相互环绕交织来同时实现水平和垂直方向上的两种构件——横梁和底层架空柱——的功能。整体结构使地面层一百英尺长的内部起居空间能够部分地围合起来,并与室外空间和阳光中庭合而为一,进而与顶层贯通并将天空景观引入室内。这些流光溢彩的天井不仅将上层的卧室、学习空间和儿童房一一区分开来,同时将下层空间和沿着弯曲的结构性半径交叠向上的屋顶联系起来。这栋住宅的每一个元素都同时承担着不止一项的功能:材料与表面的连贯性使建筑体量在空阔的同时显得坚实有力,在形成内部空间的同时也构成了外部空间;在内部和外部,连续的条带和放射状切线使由曲线构成的筐状结构能够同时起到创造和支撑中空庭院的作用。这个流动的上下层连贯体、屋顶和地面、空旷的中空结构性空腔和体块营造了一个相互交叠的多孔状新型的家庭空间:室内与室外空间、结构性框架、中空的阳光天井、结实的形状、半透明的主体以及一个起伏不平的平面都糅入这个悬浮的混合体当中。

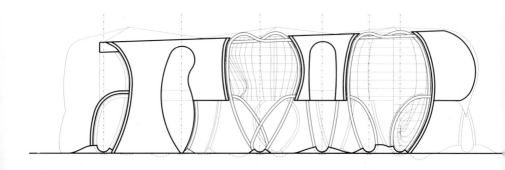

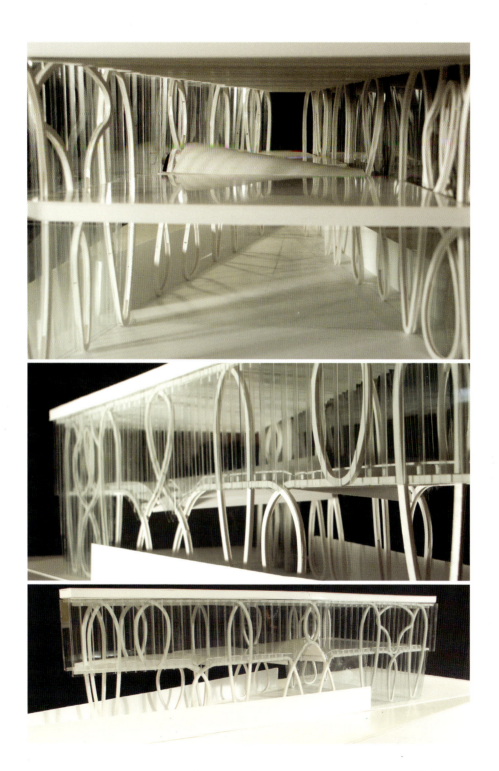

泡泡／斯纳文住宅

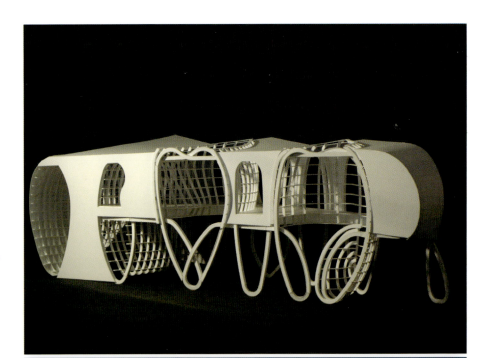

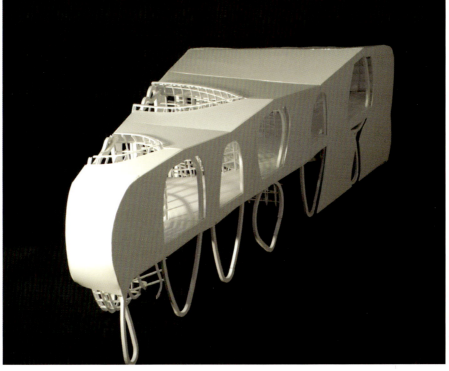

泡泡 / 斯纳文住宅

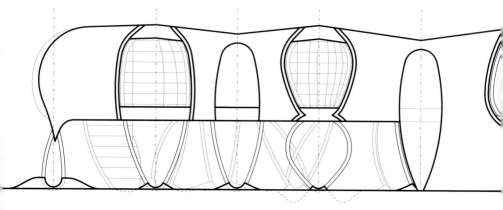

动画形式＋虚拟建造

控制性楼板
玻璃房
丽娜·柏·巴蒂

框架地面
范思·沃斯住宅
密斯·范·德·罗

折叠梁
萨伏伊别墅
柯布西耶

柱头花格
约翰逊公司总部
莱特

空柱
仙台媒体中心
伊东丰雄

檐下灰空间
Heidi Weber馆
柯布西耶

构成图版
伊姆斯住宅
查尔斯西蕾·伊姆斯

下沉地面
耶鲁大学
Beinecke图书馆
SOM事务所

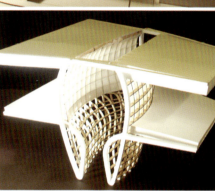

02 花儿
FLOWER PROJECT

花朵形态是一系列成捆的维管束以及交叠的管状物或孢泡的组合体。一个放射状孢泡花朵的实例就是一个次内摆线,它由一个闭合的周界进入内部形成。首次运用放射状花朵的拓扑学方案是为威尼斯建筑双年展中的奥地利馆的"空间包容计划"所作的方案。尔后,形态学知识被运用在了阿莱西咖啡茶具、世界方舟以及社会学都市住宅方案的设计当中。它最为基本的特征是:一系列类似花瓣状的表面移回到一段连贯的块茎当中,一个内空间的核或者体量,以及从表面(花瓣)向一个中空的管道(块茎)的转换。

世界方舟 / 哥斯达黎加

世界方舟最初被设想为一个颂扬哥斯达黎加的生态多样性、环境保护、生态旅游和文化遗产的机构。它作为一个旅游目的地，坐落在哥斯达黎加境内多山的原始热带雨林的心脏部位，是一座集合了自然历史博物馆、生态中心和当代艺术博物馆的综合建筑。建筑设计的灵感来自于哥斯达黎加本地热带动植物的形态、色彩和象征符号。建筑物的主要入口被设计成一个凉爽和潮湿的水柱花园。从入口处的大厅可以进入参观三种类型的展览。在建筑物的中央垂直空间有通向三个楼层的螺旋形楼梯，并终结在一个强力玻璃纤维覆盖的天棚处，游人可以在这里俯瞰环绕四周的热带雨林树冠群。中央垂直空间充分展示了哥斯达黎加环境，并且是一个对生态旅游者进行指导的场所。画廊的当代艺术展览的灵感来自于垂直空间周围自然环境的循环方式。这些展览将同时吸引本地和国际的艺术家们。建筑地面层的扩充部分是一个以E.O.Wilson的和谐概念为中心而设计的独立的自然历史展览空间——和谐博物馆，包含了全球环境、自然历史和生态学三部分的展览。地面层博物馆延伸至室外景观，并以一个既作为室外晚间音乐表演舞台又与建筑物一同发起的生态学世界方舟奖的颁奖仪式场地的露天剧场作为终结。

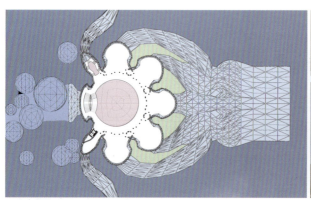

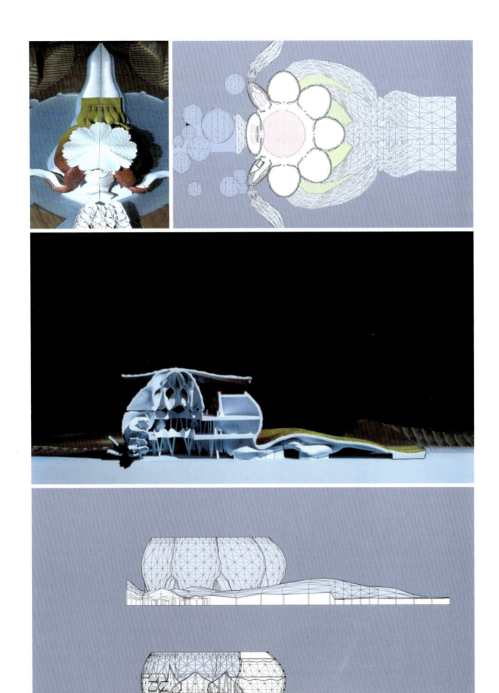

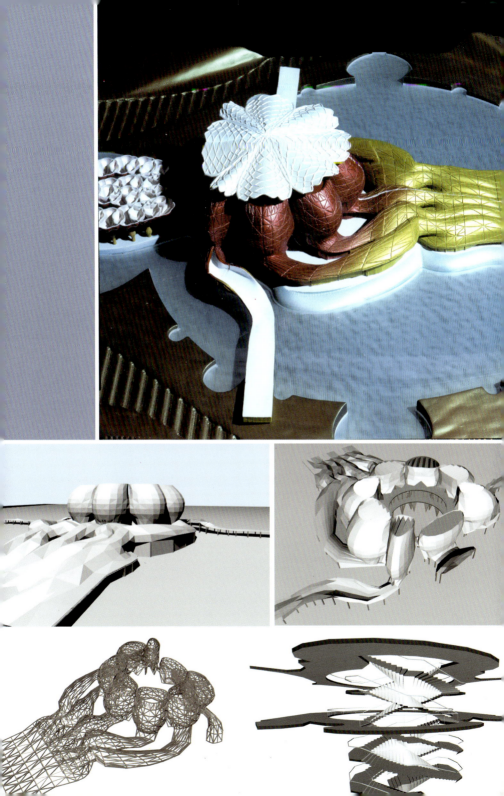

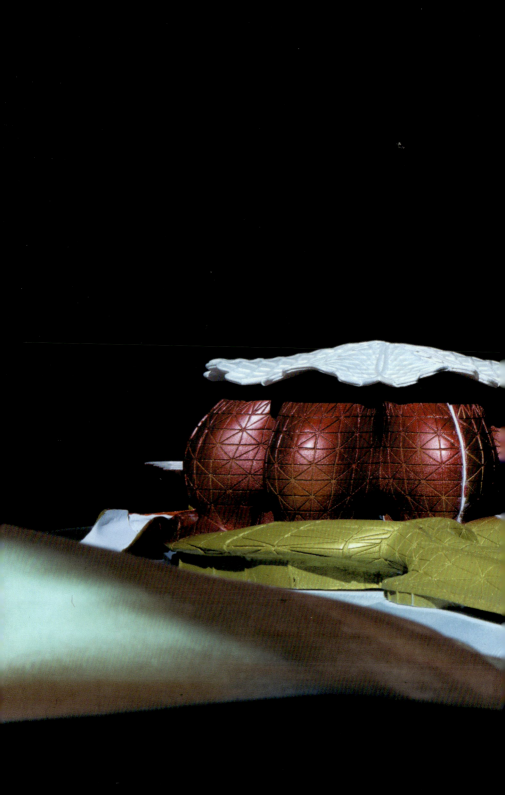

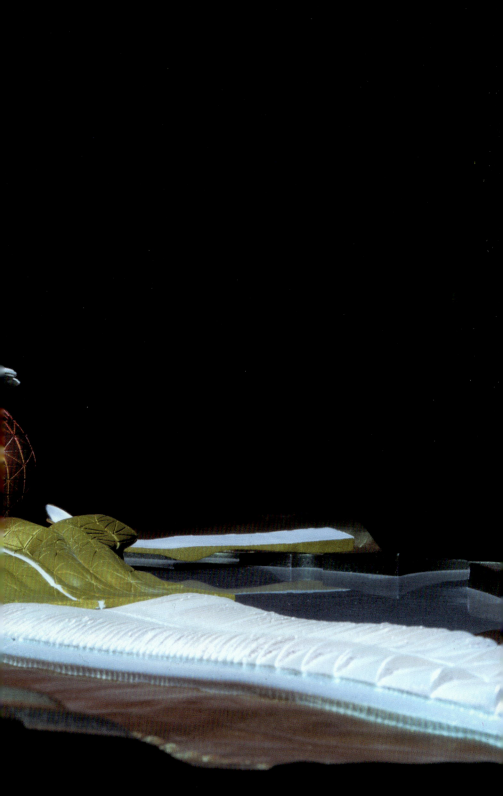

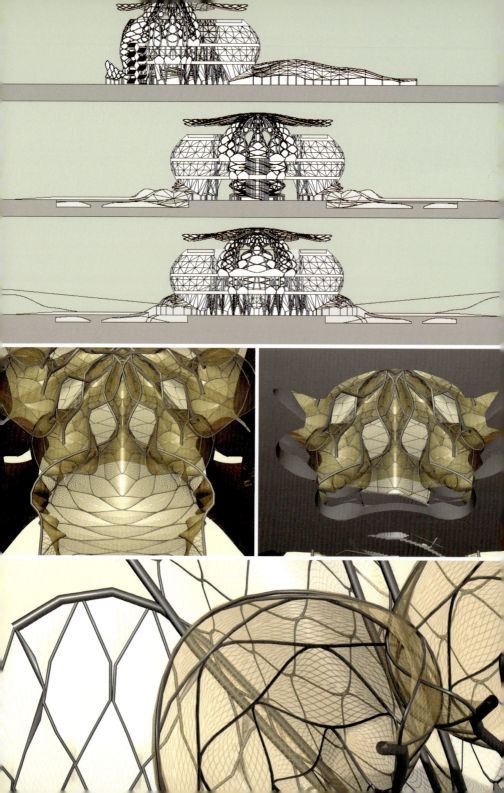

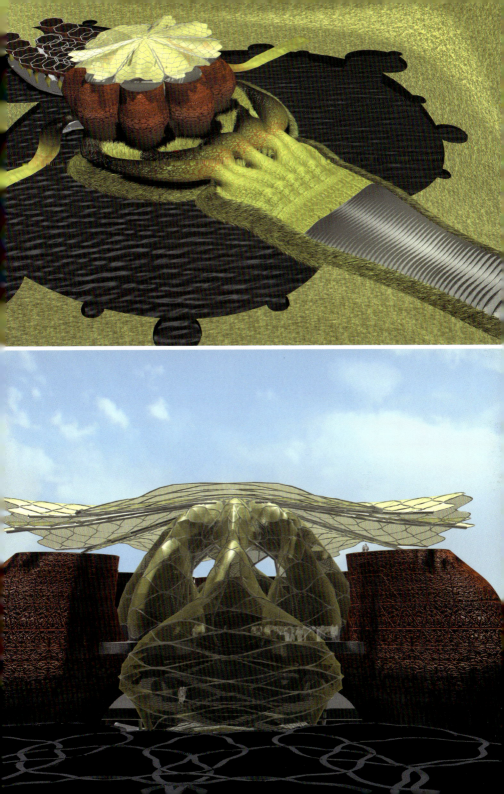

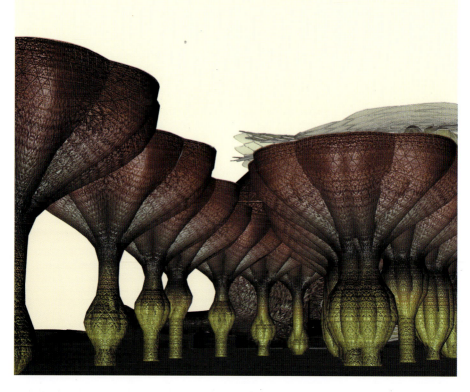

动画形式+虚拟建造

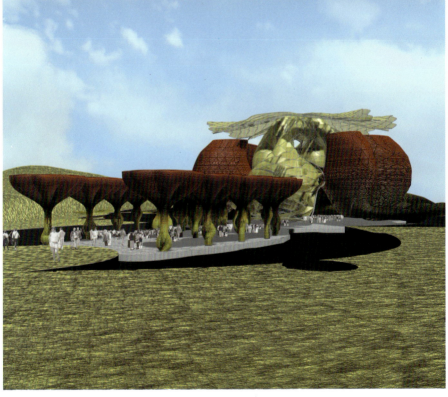

花儿 / 世界方舟

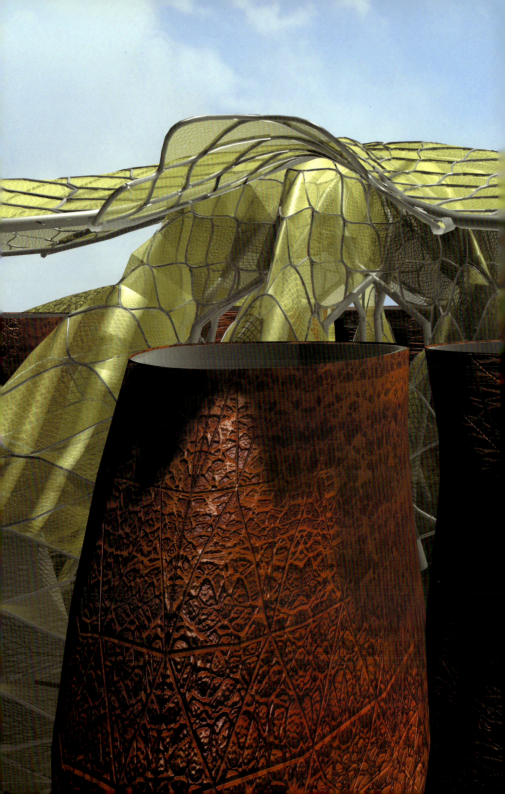

奥地利花朵

苏黎世联邦高等工业大学世界方案与一个具有隐喻、组织化原则、导航美学以及互动性的花园没有什么两样。现在,来到苏黎世联邦高等工业大学的学生已经是在将数码和生态的认知力视为有价值的文化中成长起来的一代了。

建筑师为一个动态的虚拟世界的建造设置了两种假设:首先,无所不在的宽带速度将人们连接到一个集中化的数据库当中;其次,保持这个集中化数据库的不断转换是苏黎世联邦高等工业大学的特色和责任。

虚拟世界当中的行为和更新的速度不会完全依赖于使用者的运算速度,而取决于集中化数据库循序渐进的连续转换速度。

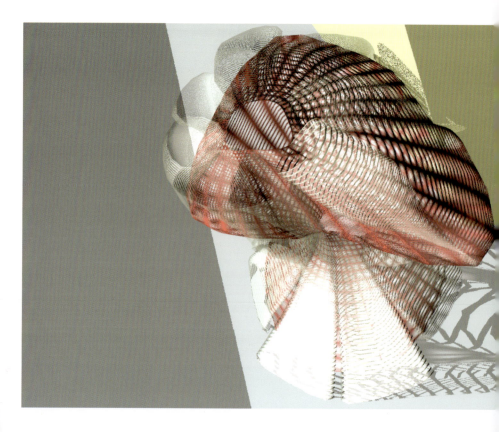

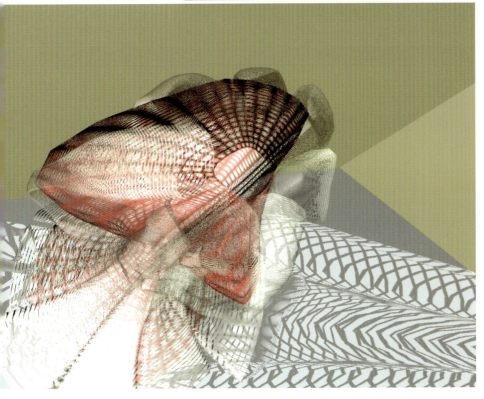

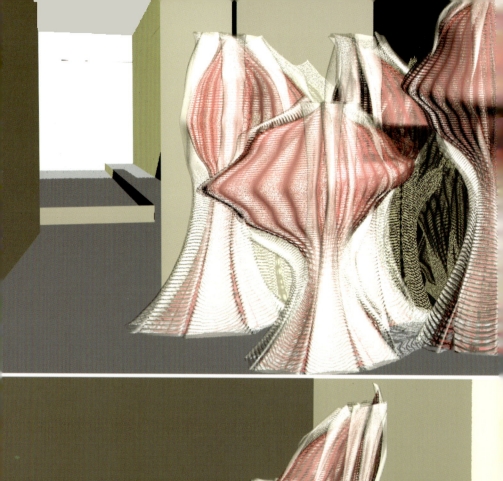
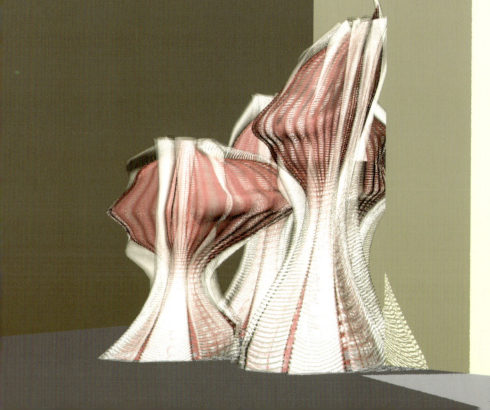

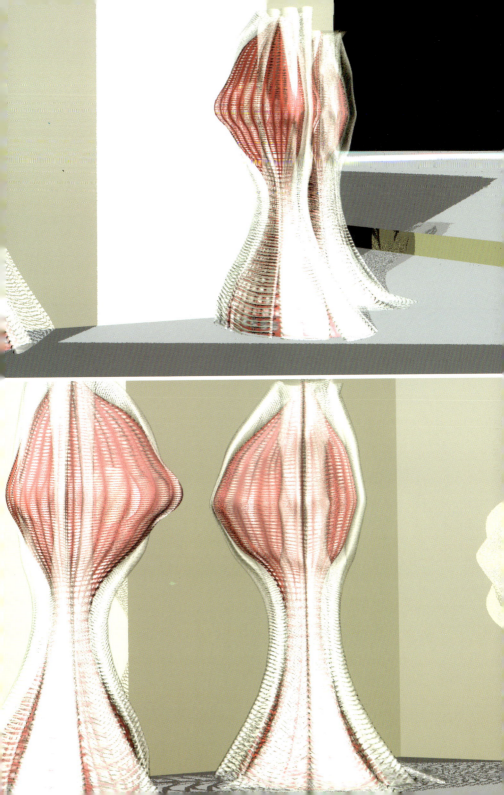

阿莱西咖啡茶具2000

为了纪念咖啡和茶广场的原创收藏20周年，阿莱西委托23位国际建筑师以"当代艺术风格的设计再次回归"这一主题进行咖啡茶具的创作设计，并定名为"露天咖啡茶具2000"。设计师需要设计和制造一种目前所知的第一次大规模生产，却又确确实实各不相同的工业设计产品。设计师使用一种刚刚解除管制的军事技术来制造咖啡具和茶具（这种技术使用热量和压力来使轻薄的钛金属片成型）。与格雷戈·林恩形式事务所创造、用来设计建筑内部空间的真空成型技术非常相似，这一过程使用了电脑数值控制系统来制造模具，将钛加热至其变成为塑料。在硬度等同于塑料的瞬间，钛就被灼热的氩气压力压入模具当中。因为整个过程发生在一种与外太空条件等同的真空当中，钛金属薄片不会氧化，也就不需要对它进行化学轧边。这保证了金属薄片令人惊异的薄巧程度，并且具有厚墙的坚实牢固。同时，薄巧的金属片保留了几乎完全精确的工具制造细部。这一技术是为侦察飞机的制造而发明的，它很完整地保证了表面细部和结构坚实度。在这一技术以前，除了铸造没有其他办法来实现这一结果。

容器高清晰度的表面源于电脑数值控制工具制造的框架设计，这一设计给产品注入了自贴面和制版技术发明以来大多数金属制品所缺乏的细部。容器所具有的不可思议的轻盈质地为它增加了一种太空时代的感觉，而这种感觉正是太空军事制造技术所特有的。这一特质结合了具有高科技工艺美学的表面，将这些产品推

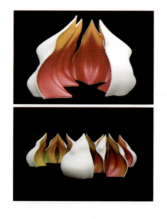
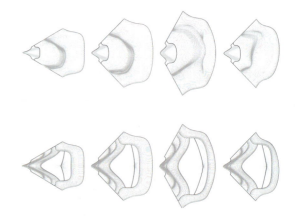

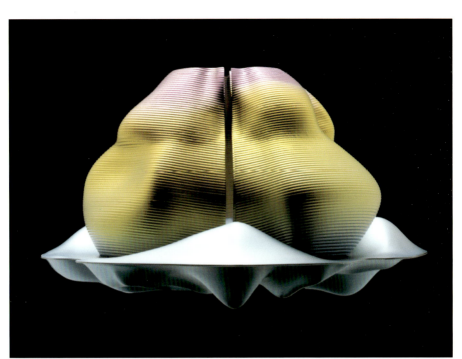
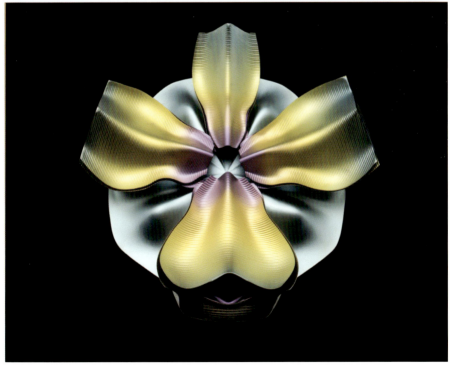

花儿/阿莱西咖啡茶具2000

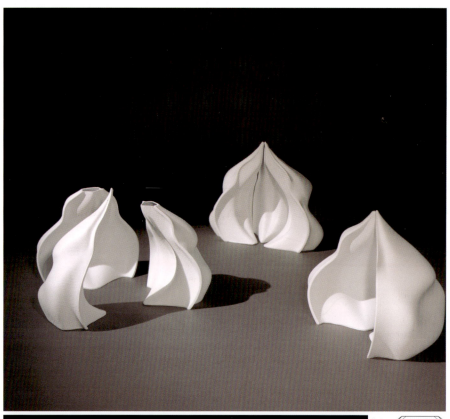

动画形式＋虚拟建造

向了工业化生产的前沿。依靠其专利模具，事务所具有生产造价并不高昂的工具设备的能力，每个系列产品均不超过12个，整体设计的分组使每一个产品都具有完整的特质，每一套茶具或是咖啡具都是独一无二的工业化产品。

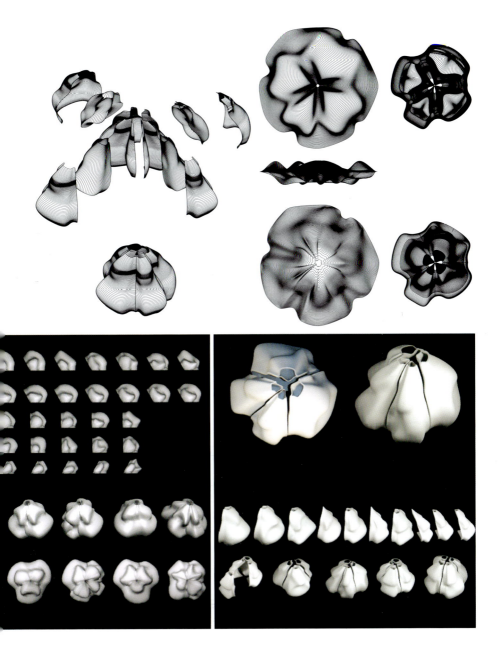

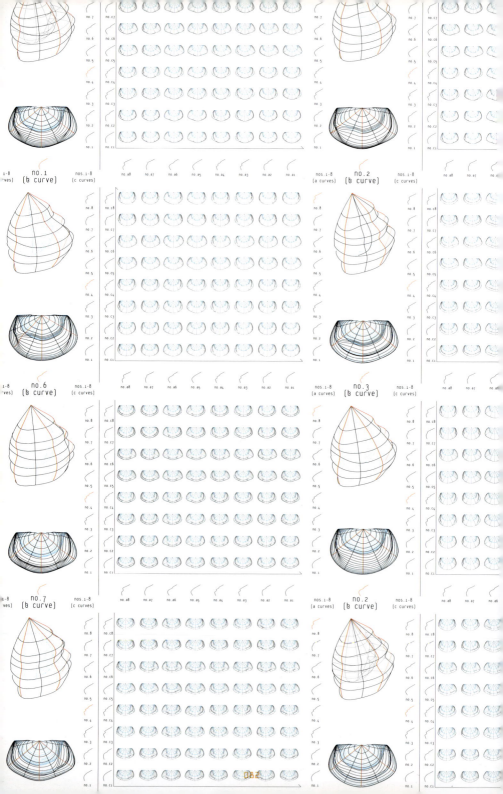

错杂之光ICA

格雷戈·林恩应邀策划了先在ICA展出后又在耶鲁大学艺术与建筑陈列馆展出的"错综复杂"展览。格雷戈·林恩形式事物所应ICA的委托设计了照明装置。

"超自然花朵"的六种元素定义了这一漂浮在展览中的建筑模型之上、由冷光玻璃纤维壳状物构成的顶棚。这些元素都由强力玻璃纤维铸造在由电脑数值控制系统刨床切割成型的泡沫模具当中。这些半透明设备拥有一个中央光源的同时也通过上部的反射来创造一种漫射光。

社会学都市

建筑群由功能性的体块和形式性的圆环环绕着一个垂直中空空间,中空空间的上部是一个覆盖有天棚的露台,下面是一个半地下的展厅。就像洋葱的根一样,开敞式中央庭院的核心随着它在建筑物中垂直的移动而在形状和尺度上不断变化。识别系统建立在建筑群内部的中央社交区。

中央庭院的周围是4栋4层高的公寓,每个楼层包含6个单元。每栋公寓之间是通高两层的大型工作室塔楼。一种弹力纺织材质屋顶覆盖中央庭院,从垂直墙上像悬臂一样展开,墙体穿过建筑群的中心延伸到地面。第二层表皮为建筑群的室外空间提供了调节日照和湿润度的保护膜,并使半围合空间的温度在冬季和夏季具有可调节性。

花儿 / 社会学都市

03 ╳ 维管束
STRAND PROJECT

维管束技术源于一个受到1989年埃里森·迈克林的恐怖短片《厨房水槽》启发的学术报告。电影讲述了一个家庭主妇在自家厨房的水槽里发现了一缕头发，头发演变为一个胎儿并最后长成了一个与该主妇相爱的男人的故事。维管束技术用来创造一种既是单一也是多量的组合结构，因为维管束可以分裂为非常细的管子，也可以捆绑成大体量的集束。正如"发丝"既是单数又是复数，一个维管束可以是多量元素的集束，也可以是一个单一的整体。曲率的和谐也与维管束有着密切关系。

西尔斯大厦／芝加哥，美国

维管束西尔斯大厦方案是"维管束形态"的第一个实例。这是格雷戈·林恩在完成基于街区的旋转和颠抛联结的辛辛那提DAAP方案后以及离开彼得·埃森曼的事务所之后的第一个方案。

在项目中，建筑师将软体几何与单一组织之外的体量之间的多样化联结应用在建筑设计方案上，而这个方案最初就是为了回应1991年9月芝加哥城的创意竞赛。这个方案应该视为一个原创性的试验而非对这个创意的完全实现。维管束西尔斯大厦意图成为一个多元化都市的纪念物，以外部的力量来对内部施加影响，与此同时保持一种临时性更重于必要性的内部结构。在芝加哥以及遍及美国的其他城市，合作式办公室大楼已经成为都市传承的最为基本的创新载体。这一方案试图重新塑造美国的象征形象，它重新改变了在芝加哥的天际线中占主导地位的标志性建筑、世界上最高的独立大楼——西尔斯大厦。当时的西尔斯大厦树立了一个与其文脉环境相分离的标志形象——一个在一种连贯而相似的都市结构中既离散却又统一的物体。格雷戈·林恩的方案则恰恰相反，它结合塔楼的结构为其增添异类特质，同时又保持其纪念性面貌，将结构放入它的文脉中，并将单一的容量和当地文脉的力量集为一体，使建筑在旧有的形式中显示出一种全新的传承。

在《影像的秩序》一书中，让·鲍德里亚描述了一种美国当代办公大楼的新范例。老的竞争垂直高度的范例在相互攀比的欲望下产生了过度的尺寸和数量，纽约世界贸易中心的双重身份或双子塔开创了办公大楼走向多样性的趋势。塔楼的重复增强了整体的自我识别性，它完全一样的两翼并入了一个单一的纪念性结构中。西尔斯大厦对于这种新范例作出的回应不止是在高度上超越双子塔，更应在重复上超越它。在表面与内部的变化上，西尔斯大厦通过自身的内在增殖分离为九宫格的塔楼，并在工程师法兹·康的设计下充满了大量的"集束管"。这是西尔斯大厦的增生与可识别的双子塔效应的不同之处。

这片225英尺（注：1英尺＝0.3048米）的空间由9个75英尺的正方形管体或者说塔组成，其中有两个长达650英尺，两个长860英尺，三个长1170英尺，剩下的两个则创纪录地长达1450

英尺。每一条维管束被细分为5个结构性区域，在每个塔中产生出另外的25条管体。这225个独立结构区域都被再细分为3个5英尺的方形窗户区，在每个结构区内又产生了9个管体，总共为2025条管体。这些九宫格管体是西尔斯大厦和集束管的必要结构。经过管束的重新组合，塔楼(九宫格样式)的整个组织经受了一种交叠的非领域化过程。就像西尔斯大厦的内化特性和延伸至城市的外部影响，这个九宫格体绝对会像一个器官一样持续增长，成为一个存在于多样性结构中的临时性结构。

塔楼像维管束一样，是一种扭曲和折叠后的纤维和细线集合，或者是平行分配的单元。维管束本身是一种交织的细丝系统，同时也是一种能够进一步扭曲或折叠成为更大体量或更为复杂系统的奇异纱线、细丝、圈绳或绳索。这个重新配置的集束管方案将水平向沿着与现存西尔斯大厦相邻的维克尔路和芝加哥河之间的滨河区域展开。9条连续管体将自我调节来适应地形边界的多变性和间断性。管体之间的关系并非绝对的平行，而是相对的平行。这些柔软的斜度与当地特征化的事物相关联——邻近的建筑物、地形、人行道、桥梁、隧道、公路和河沿。尽管楼层平面的增量大体上是垂直地指向图形表面的，地形的特性往往在复合方位倾斜的喜好下使每一个理想的方位发生偏转。扭曲、折叠和弯曲所产生的变形并非偶然但却是不可预测的，因为它们是超过两千条的集束管与当地条件结合的结果，因此所产生的景象既非单一也非多元的，而是属于当前的柔软和灵活的集束管的内部秩序，是河沿、城市网格、行人向量和交通运动的外部力量产生的差异。维管束是多样化的城市标记的一种可能的范例，是一种微系统的集合并建造了一个临时性图像。进一步研究发现，这个统一的纪念碑形象阐明了混杂的地方活动，任何单一样式的不可还原性和参与外部系统的潜力都是集束都市主义的特性。维管束西尔斯大厦既非离散的也非被驱散的，而是来自于任何单一组织化的理想塔楼的转变、一个在它自身之外的地方性融合系统。

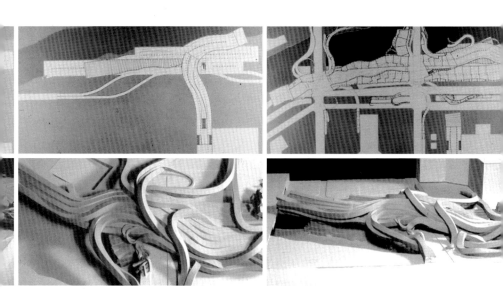

纽约世界贸易中心重建方案 / 纽约，美国

方案的联合塔楼在地面以上，五栋未来派的建筑相互接触、融合，创造了一个清澈的帷帐来环绕并保护记忆中的神圣空间。在建筑物相互连接的地方，极度弓形的塔楼矗立在广场上空，在一个空前的都市尺度上创造了纪念碑和神圣空间。从远处看，这一团结和独立的新象征出现在曼哈顿的天际线，是一个崭新开端的信号。

安全第一

这栋经由五个阶段建造的建筑，不仅将是全世界最高最大的建筑，更将成为最为安全的建筑。商业办公大楼以电梯和楼梯来与中央连接。每一栋有坡度的塔楼都有自己独立的梯道与每30层上的避难区域相连接。从任何角度看，每一栋建筑都有许多通道供人员撤离——他们可以下楼，也可以水平地移动到邻近的建筑中。在每个方向都有清晰视线的开阔广场，同样在任何时间都可以迅速提供对于整个范围安全性的瞬间环顾。

明日都市

新世界贸易中心被设计在人群的周围。每一个区域都按照人群移动和人们做事情的方式来设计。广阔的广场和公共空间被设置来优化行人的流动,并创造一种具有魅力的开阔感。地铁车站的设计是为促进人群流动,防止瓶颈的发生,并提供一个大范围的与街道、广场和纪念馆的直觉性联系。在800英尺高的空中,一个巨大的200000平方英尺(注:1平方英尺=0.093平方米)的公共天梯将带有花园、购物中心、咖啡厅、健身中心、水疗设施和一个会议中心的塔楼联系在一起。餐馆、剧院、观景平台和休闲室在建筑的多个楼层中出现。每5层即安排有垂直的空中花园来提升工作环境。办公区域的独特设计可以让日光最大限量地进入楼层,节省能量的同时也改善了室内的视野。

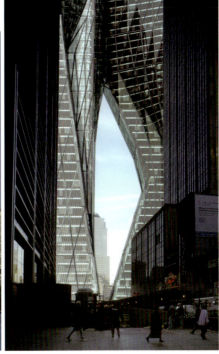

动画形式 + 虚拟建造

维管束／纽约世界贸易中心重建方案

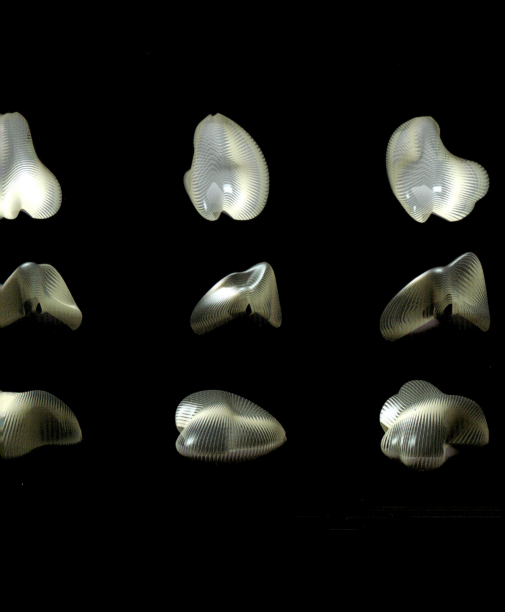

04 碎硝
SHRED PROJECT

碎硝是格雷戈·林恩形式最初发展起来的一种技术：它在表面上设置孔穴而不必进行打孔和切口。以曲线网络的形式模拟拓朴学表面，曲线从两个方向穿过或是中止在控制顶点或点上，U方向和V方向被用来描述曲线的偏斜；通过复制同一位置的两条曲线然后将控制顶点分散开来，建筑师便可以放置那些被先拆分开又在表面上融合的碎硝或薄片。通过这种渠道，孔穴与开口的几何规律就与表面的几何规律取得一致。或多或少具有巧合性的是，FOA建筑事务所的建筑师们也在他们设计的日本横滨港口的剖面和贝戈餐馆的墙面和顶棚上使用一种类似于格雷戈·林恩事务所技术的"眼"状开口。韩国人教堂的天窗、向外展开的撕碎的氢馆体块以及胚胎学住宅的开口都是基于碎硝建模技术。类似的技术在20世纪90年代中期的普遍存在，显示这一技术已经成为一种在表面上设置开口又不破坏表面本身精度的基本方法。

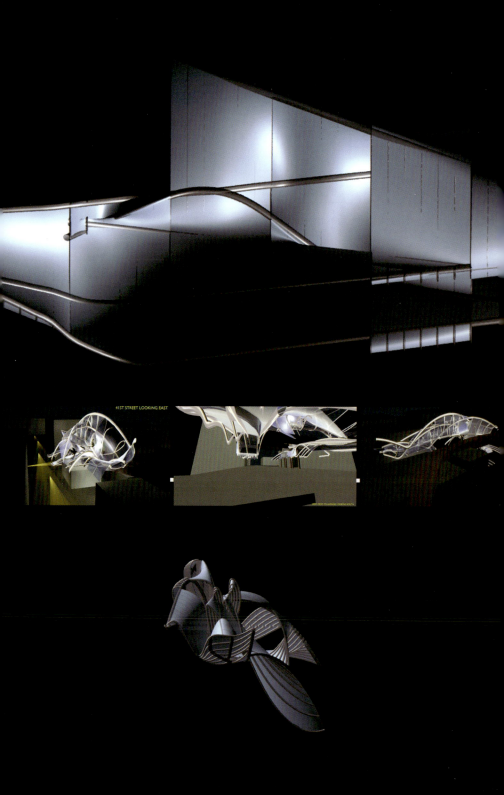

纽约港务局／港口三重桥架通道设计方案

项目的主旨是为一个进入港务局公交总站的弯道下侧设计照明装置和保护性遮篷。场地建模使用了一种模拟技术，将行人、汽车和公交车通过沿着第九大道、42街、43街以及从哈德孙河下出现的四条高架公交车弯道时的不同速度和强度的运动和流量融入其中，各种各样的运动力量形成贯穿整个地形的魅力变化场。为了探索这个缥缈的魅力场的形状，建筑师引入了能够根据影响力来改变它们的形状和位置的几何粒子。在对这些粒子的研究中，他们捕捉到一系列在一个时间段上不断循环移动的相位图。这些相位图掠过管状框架的二进阶结构与弯道、现存建筑物和港务局公交总站相连。11个张力表面拉伸着穿过这些管子。这是一个让人们慢下来的空间，人们在这里浏览、站立以及从街道商店购买食物，或是步入外面等待来自下层平台的人。这个受到保护的室外空间穿过第九大道，在那里被过街天桥遮挡起来，并划定了清洁和外部停留的室外等候区。它将桥下可供临时贩卖和食品车停留的街区串联起来，并导向上部的一个逐渐倾斜的表面和向下引导至德伊大街附近的开阔地带。它在德伊大街上空建立了一个被覆盖的空间和一个大型的停车场，并呵护和增强了具有地段特色的小型商业和非正式休闲活动。沿着第九大道设计了一个全新的遮篷来扩展街区的长度，这为第九大道的沿街地区和德伊大街的开阔地区保留了室外公共空间，它们从这些元素和直接的阳光中得到了强化，同时也提供了通风和日光。

最为基础的材料是一种轻质的纤维结构。这个类似帐篷的结构令人回想起旧物交换会、跳蚤市场或者古老的集市所使用的材料。它能够在特殊和临时的状况下为41街沿路提供适度的阳光和雨水。结构性管体的材料和它自身表面的一部分与抛光铝材和天桥上行驶的公交车彩面金属外壳相似。被抛光的金属和电镀铝板部件能够以卷动和旋转来变换光线，就像那些驶过的公交车一样。跨越第九大道的静止的覆盖物会像一辆在车行道上行驶着的公交车的侧面一样对光进行镜面反射，并带给过街天桥一种被行人和汽车激活的来自运动本身的闪烁美质。

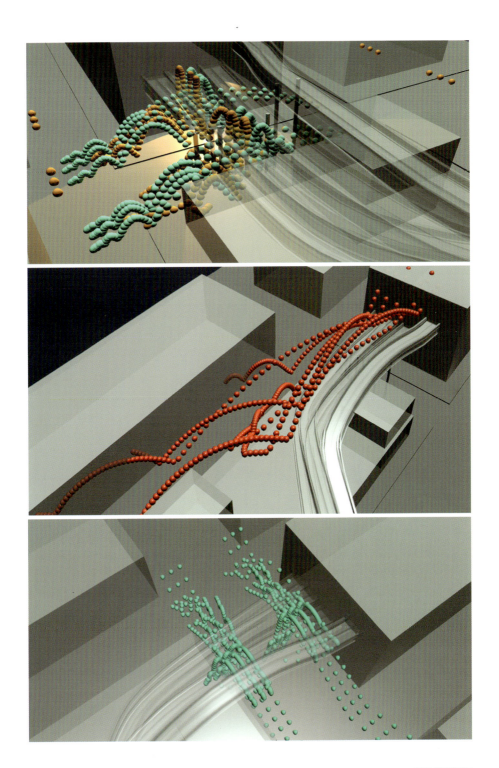

碎硝 / 纽约港务局

纽约基督教长老会教堂／纽约，美国

位于皇后区Sunnyside的纽约基督教长老会教堂是三个位于不同城市的工作组长期合作的成果：芝加哥的加洛法罗建筑师事务所，辛辛那提的麦克尔·麦克因特弗建筑师事务所和格雷戈·林恩形式事务所(当时位于新泽西州的霍博肯，现位于洛杉矶)。

新的教堂是一个环绕在20世纪30年代的克尼科博克洗熨厂的上部的扩建建筑。WPA风格的正面具有长岛铁路沿线的交通便利，现存的建筑曾经被路易斯·芒福德形容为美国最好的"放错地方的纪念碑"的范例。作为一个教堂和韩裔美国人集会的社区中心，对现存工厂的适当再利用需要组合性结构来连接现存的建筑和宽阔崭新的集会空间。教堂的附属功能被覆盖在原有的厂房建筑之中。新的圣殿被建造在原来工厂的屋顶上，并由一种长跨度的庄严顶棚围合起来。工厂建筑的工业性面貌被保留下来，而室内空间与外部容量则进行了巧妙的处理和调整来促进文化项目的特殊汇流。在新建的圣殿当中，教堂能为2500人提供服务。在同一个结构当中，有80个教室可供学校和各种社会团体的不同教派进行活动；还包含一个600座位的婚礼小礼拜堂、多个集会空间、一个唱诗班排练空间、一个咖啡厅、一座图书馆和一个日间护理中心。

原先的克尼科博克洗熨厂包含两个准独立的区域：具有标准化的工棚结构和重复性隔断的长跨度系统；三角形区域是铁路运输轨道与工棚之间的间隙，具有战时回收的不同尺度和走向的不规则钢梁结构系统。新的建造将这些现存的区域融合为一个垂直循环空间。新的圣殿是一个大跨度的棚状金属结构，在平面和剖面上呈波浪形起伏。螺旋楼梯是光滑的蛇形管状空间，它在并不破坏现存结构体的同时沿垂直方向迂回。在克尼科博克洗熨厂将一个生硬的垂直立面呈现给邻近的铁道区域时，新的低矮的波浪式组合为该场所建立了一个更加柔和的水平向关系。

碎硝 / 纽约基督教长老会教堂

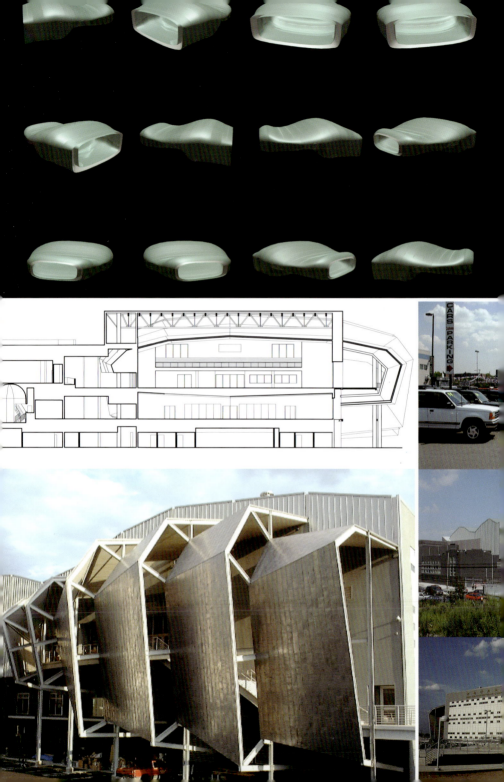

氢馆 / 奥地利

氢馆是一个用于展示新的太阳能技术和低能耗技术的多功能参观示范中心,位于维也纳市郊的奥地利国家石油公司(Schwechat OMV)的公共入口处,作为一个公共和教育性设施为公众服务。建筑的室内空间被半透明的纤维分隔为两个区域,电脑动画、系列录影带和静态图像可以在纤维上投射出来。背投系统靠脚台架支撑,其上的投影机可移动,这就保证了一个极度灵活多变的展览空间。整栋建筑的机械设备系统在屏幕后面排成一排,当屏幕背后的照明设备打开时,投影屏幕变为透明,展览参观者就能看到建筑的实验性能量系统。建筑设计利用了艺术电脑模拟软件来对该建筑一整年的阳光性能进行建模,生成建筑的实际形状和形式以及全部的遮蔽设备和光电元件的形状和排列。建筑北立面的形状则是通过高速公路上机车行驶的状况来生成的。到达和离开这个城市时,从高速公路可以看到这个纵横起伏的外表下所揭示的建筑内部空间的不同格调。

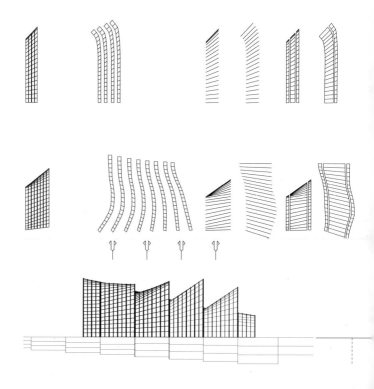

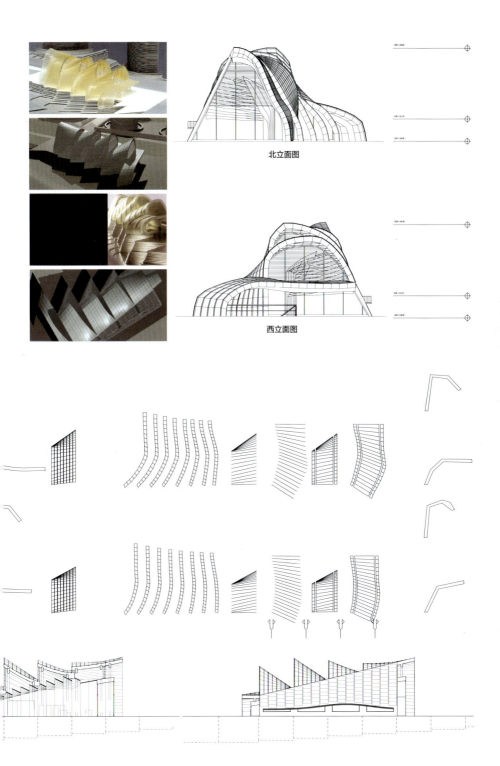

北立面图

西立面图

碎硝／氢馆

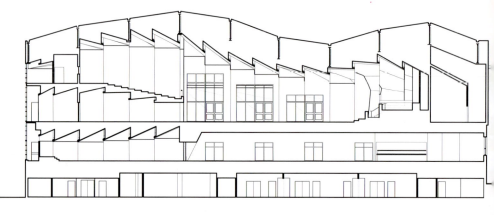

动画形式 + 虚拟建造

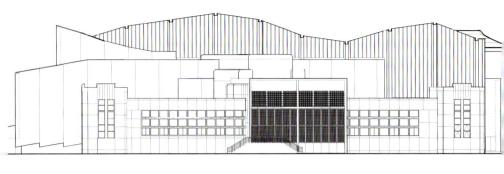

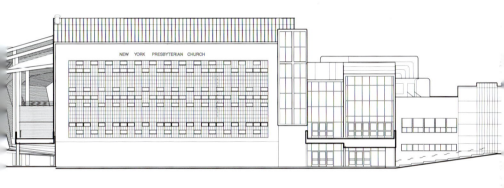

胚胎学住宅

胚胎学住宅可以描述为一种家庭空间的发明策略，这种空间融合了品牌形象和变化性、定制化和连续性、灵活性生产和集合等当代事务，以及最为重要的——一种由晕彩和蛋白光逼真渲染的波浪形外表所带来的对当代潮流和性感美学的永不后悔的投资。胚胎学住宅使用了严密的几何极限系统，能释放出无穷变化的剥层。这就为任意一座胚胎学住宅提供了普遍的类敏感性，而同时又没有两座住宅会是一样的。这样的技术既考虑到产品在走向全球性市场时所需要的在同一种图解方式和空间形式下的品牌识别性和多变性，又允许了新颖性和公认性的存在。除了受到设计创新和试验的影响外，每一座胚胎学住宅所产生的变化更是对于生活方式、场所、气候、建造方式、材料、空间效果、功能需要和特殊的审美需要的适应和反映。六座胚胎学住宅的原型阶段实例即是用来展示家庭、空间、功能、审美和生活方式约束的独特范围。也许没有一个原始胚胎学住宅例证的变异是完美的，形式上的完美并不存在于不详细的、平凡而原始的设计当中，而存在于每一个例证独特的复杂变化和与其相关的连续相似中。具体住宅设计的变化是受到一组元素的固定集合之间的潜在形状、排列、邻接和尺寸的通用外壳所激发的。这就使现代主义机械组件设计和建造技术变换为更加具有活力和发展前景的胚胎学设计和建造的生物模型。

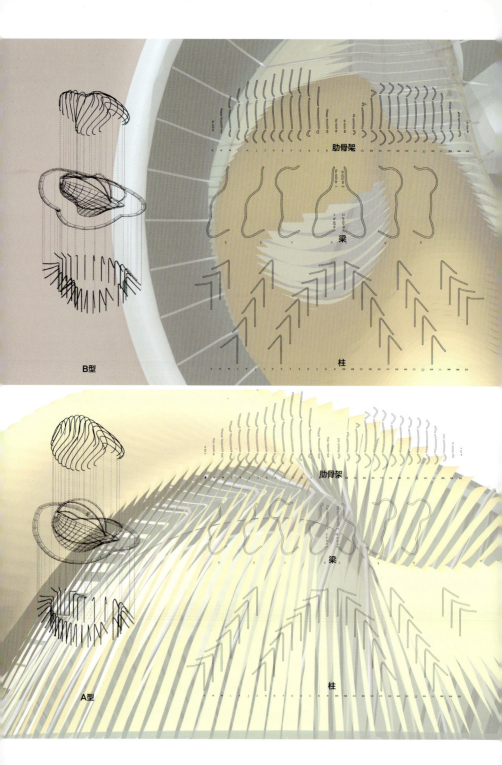

碎硝 / 胚胎学住宅

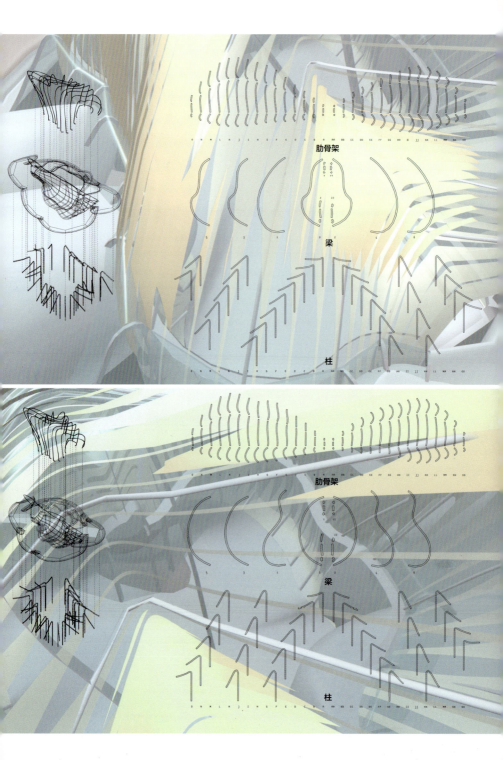

动画形式 + 虚拟建造

碎硝／胚胎学住宅

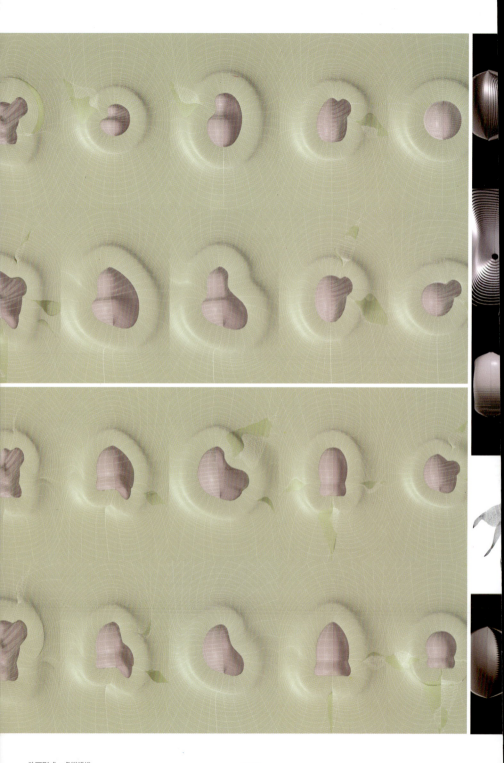

动画形式+虚拟建造

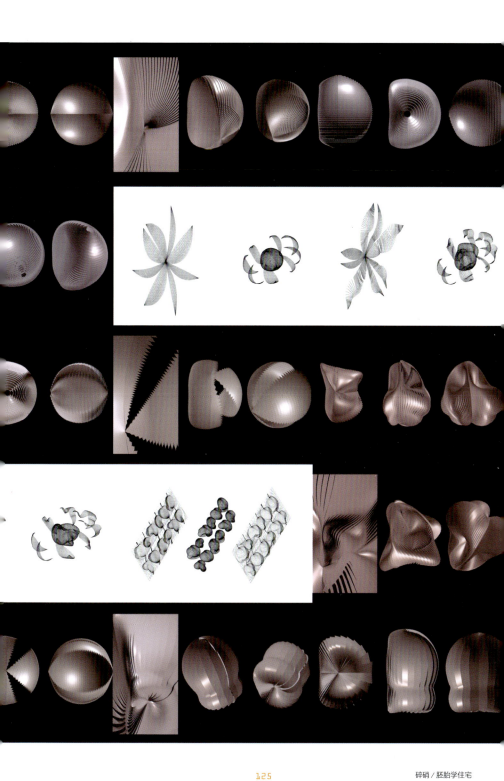

碎硝／胚胎学住宅

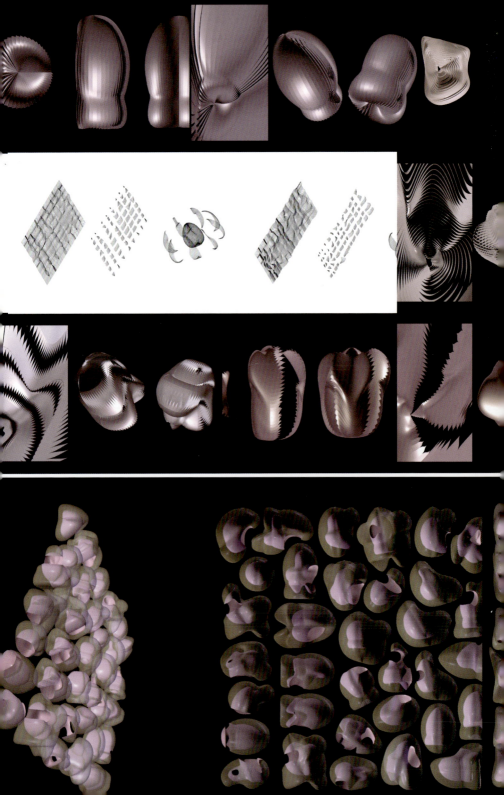

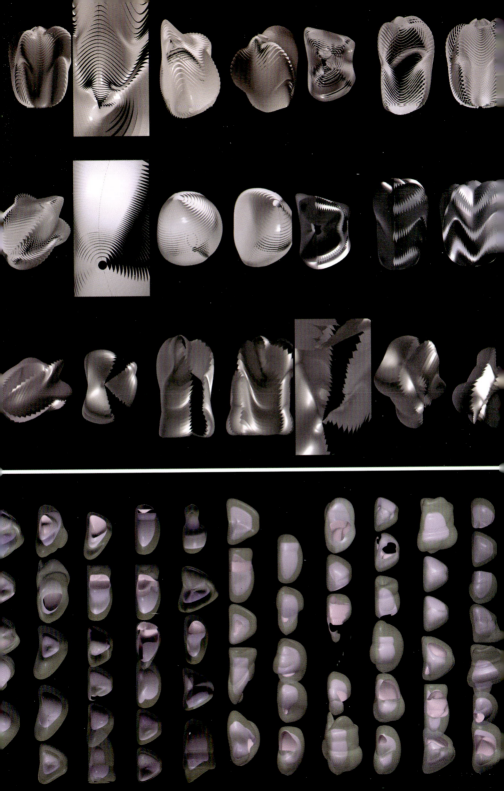

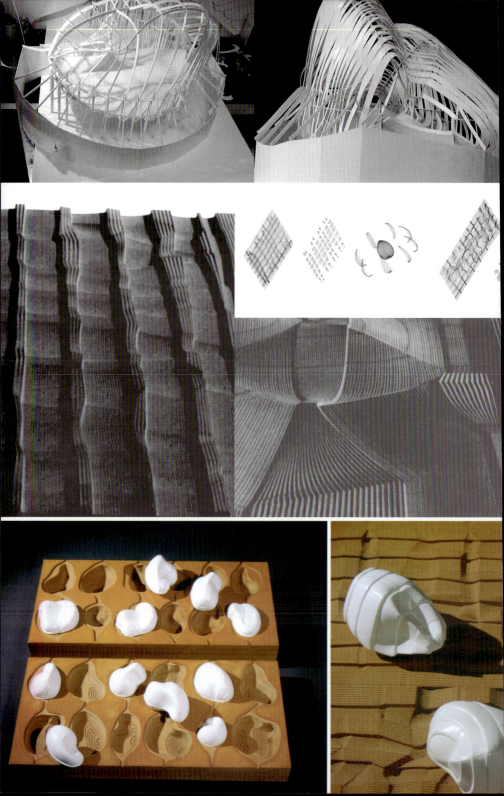

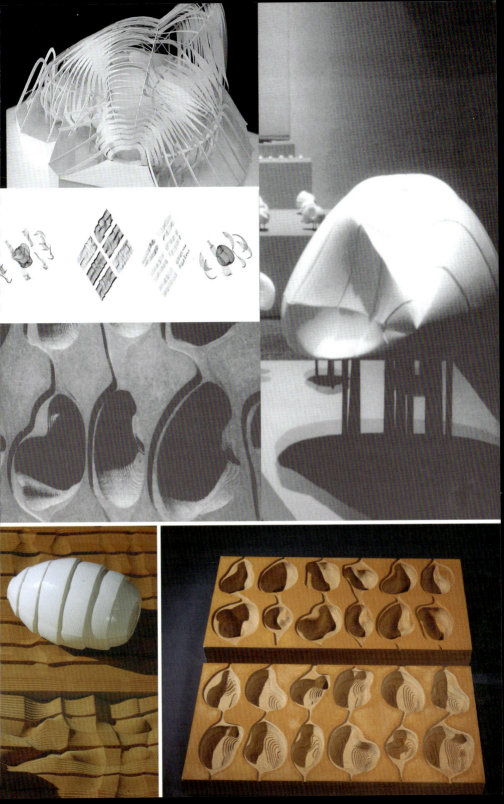

宝马／莱比锡中央大楼设计方案

德国莱比锡新宝马轿车工厂的中央大楼位于车身、油漆和组装厂房之间，设有一个供工作人员和游客进入的单边开敞式入口。方案要求提供一个灵活的办公和工厂环境来使部分集成汽车在传输过程中进行手工技术处理。整个设计的主导前提是场所的空间性、社交性和美学化特质必须源自中央大楼的功能性和技术性组织。宝马集团以一种鲜明的"终极驾驶机械"的理念来呈现它们的汽车和摩托车。因此，设计首先就应当是一种高性能的机械。

设计的功能性考虑都集中在检测、质量保证、研究、测量和视觉效果的功能上。这些空间是白色车身、油漆以及集成工艺之间的社会和技术上互补的催化剂。在工厂地面层的中央位置边上，这些活动被它们性感的金属围栏映衬得特别突出。空间有足够的体量来联系材料、抛镀以及方法和技术上的实现等与汽车制造相关的活动。部门片区与终审室、测量技术、化验室和仿真试验空间都是连接工人和汽车制造流程的集点，而这些元素正是整个中央大楼的神经中枢。这些金属体有着特别的共享功能，下面设置有穿过中央大楼的天窗系统。通过金属表面的散射和反射，天窗把日照带入工厂里面。这样的设计既在技术上防止了办公室和工厂遭受强光和直射光的照射，同时又特殊强调了沐浴在自然光的美学效果中的弯曲围栏和高亮地带。一切与汽车制造生产流程没有联系的功能均被放置在地面层以上，这样人们可以长时间地观看中央大楼内的活动。后庭院被设置在装配完成的轿车开出车间的地方。终审室与庭院相邻，这样，轿车就可以从一个控温、控光的环境移动到自然光照下接受检查。

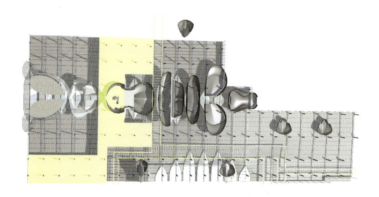

碎硝/宝马

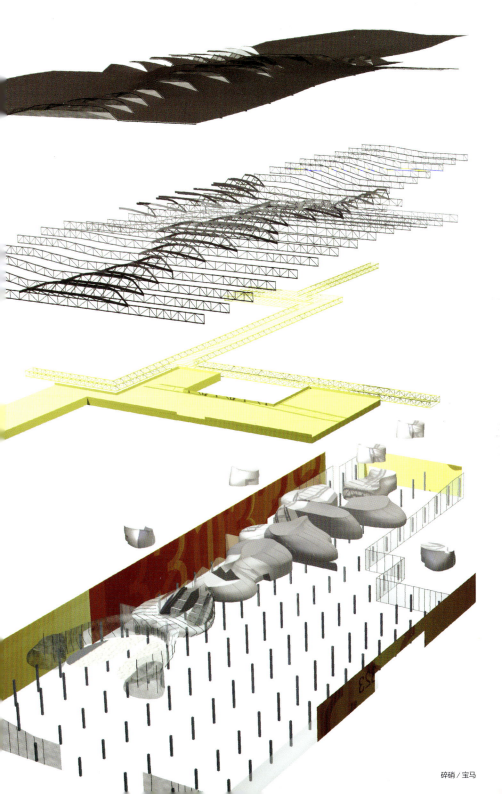

碎硝／宝马

05 表皮
SKIN PROJECT

1996年，威尼·马斯（MURDV事务所建筑师）认为格雷戈·林恩事务所的作品已经逐渐趋向于新艺术运动的风格，不再像其他运用数码技术的事务所，他们似乎对于装饰性开始着迷。与费边·马卡西欧在"掠食者"上的合作是调节表皮的源头。当时事务所购入了一台大型CNC（电脑数值控制切割）刳刨机。建筑师花费了两年时间与费边·马卡西欧合作制造一种经过绘画效果调节的浮雕表面。他们为机器人切割机设计一种工具路径来生产皱缩表面，并结合表面融合时投放出来的2.5D肌理来创造建筑性表皮而非单纯的表面。世界方舟与资源集团总部两个方案的理念即在于使用这种几何表面来释放肌理信息，同时，像动物的皮肤一样，样式和浮雕在形式上复杂，但形状则如表面的装饰性样式一样变化自如。

掠食者／维克斯奈尔艺术中心

作为格雷戈·林恩与艺术家费边·马卡西欧在建筑与绘画上的又一次合作的见证，两种概念被数字化地融入了维克斯奈尔艺术中心的展览上。费边·马卡西欧的数码绘画作品被印制在大尺度的光滑塑料薄片上。这些薄片是将250多片成型的泡沫塑料面板进行真空加热制造而成的。电脑加工成型的图案面板组合起来构成一个三维的环境，通过复杂的曲线表面再细分为双重曲线面板来发展出形状，并转化为三维工具路径传输给电脑数值控制下的路由机械，再由机械将成形的面板从泡沫塑料块中切割出来。这个方案促使格雷戈·林恩形式事务所购买了一个电脑数值控制路由刳刨机，它能够将木材、合成物、塑料（泡沫塑料）以及金属加工为5英尺×10英尺×1英尺的尺寸。这个结合了半透明数码绘制和数码成形表皮的合作装置能够在被运动穿透、环绕和进入时呈现出一种空间与画面敏感性的斑斓组合。

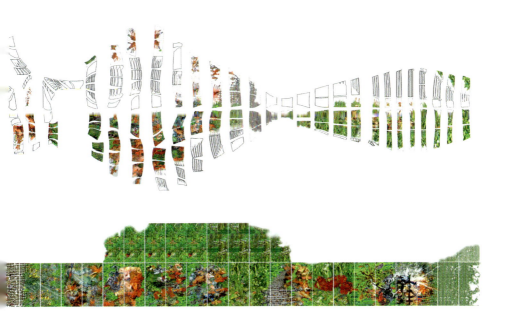

表皮／掠食者

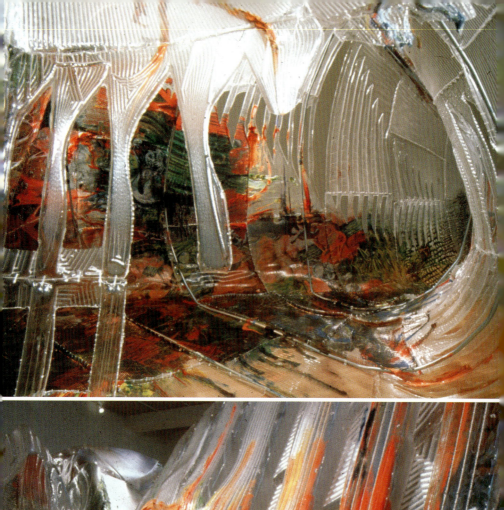
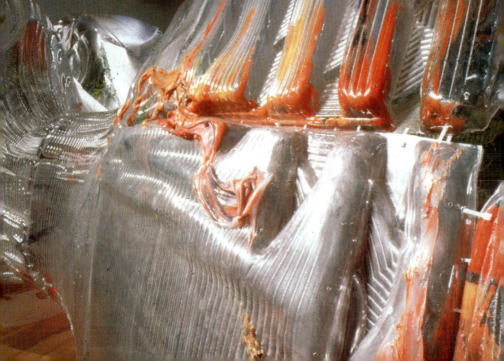

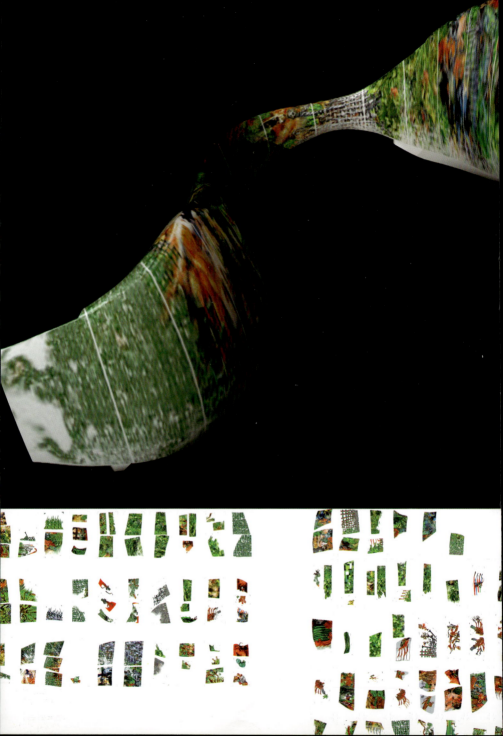

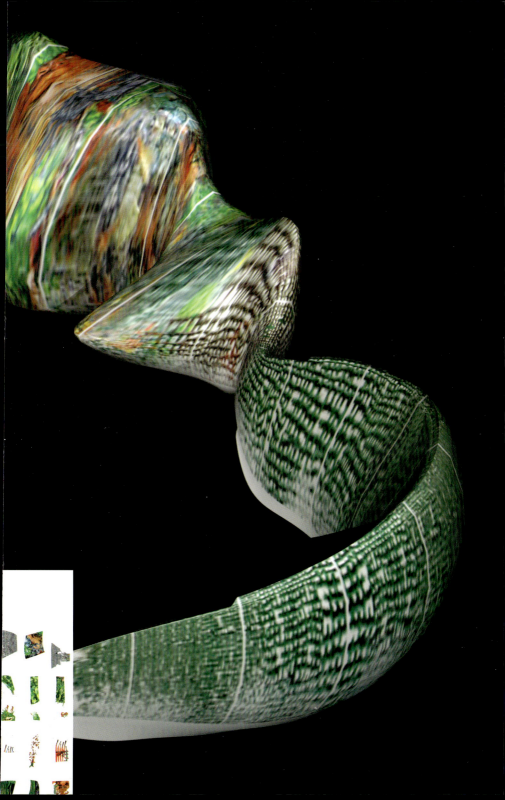

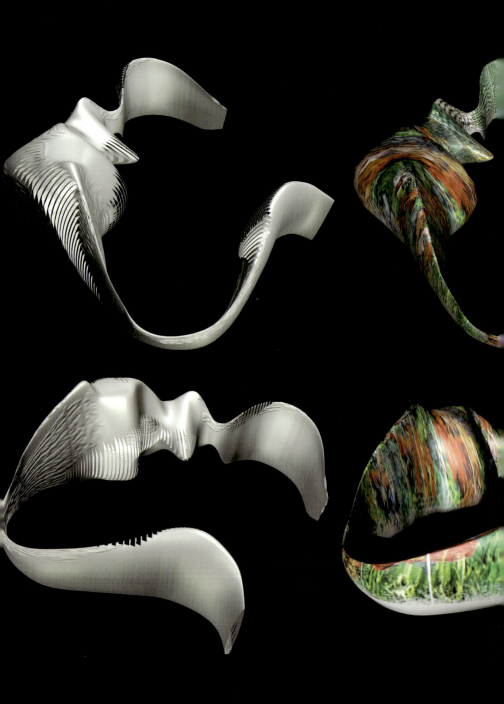

亮丽生活 / pglife.com

为pglife.com所做的概念展示空间对于全世界不同文脉所需要的可变性品牌识别作出了回应。按照通用的设计技巧,展示间的高度可变性可以在不同的地方以不同的形状和尺寸实现。使用高级的电脑数控制造手段和设计变化控制能够在批量生产的前提下体现个性。在展厅内部存在两层结构形式,第一层是现存空间的内衬,方案使用了柔和凸起的石膏墙、缓缓倾斜的环氧地板、铝质金属边缘和雾化玻璃冷光顶棚;第二层是为不同形状和尺度的产品的展示提供一个界定清晰的外壳,由有着染色效果的着色木墙面和软木地板构成的这个装置看起来就像一件大型的家具。这个展示载体有一个曲线内衬,配有波浪起伏的、性感的玻璃搁架。这些构件形态的多变性和复杂性都是应用电脑数值控制的切割机械来制造达成的。为了发挥切割机械的人工性,面板的肌理被设计成微波状而不是光滑的表面。这个展示载体的内衬表面使用了一种敏感的变色油漆,它能够反射光线,这使其表面的视觉愉悦效果得到加强。由于所展示的物品在尺度上多种多样,因而搁架系统必须要非常灵活。表面的起伏将物品从墙面中衬托而出,同时也给其他的小物品提供了展示位置。展示墙上的曲木块中嵌有托座,不锈钢的展示桩可以插入其中。可翻转的玻璃搁架有两种不同的曲度,所以它们至少有两种不同的排列在展示墙上的方式。这样的设计在每一个展示间内达到灵活多变的独特功能性组织的同时,还可以在不同的地方以不同的形状和尺寸来装配。所有这些都是同一个设计方案和建造策略的成果。

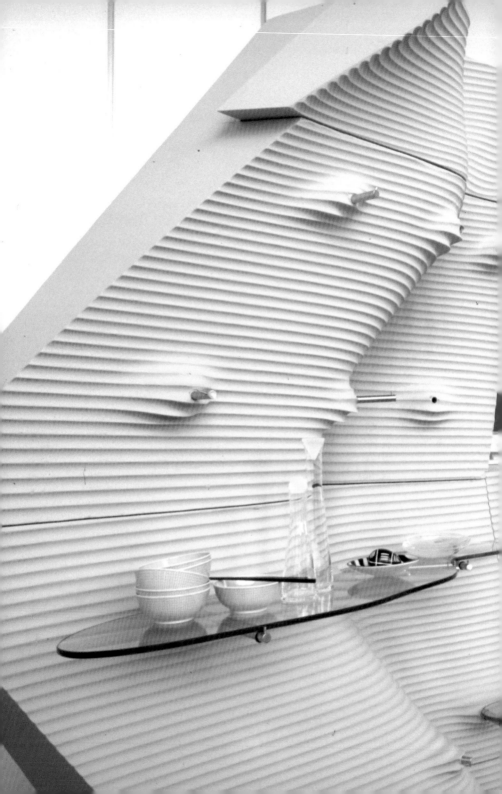

资源集团公司总部大楼 / 英国

资源集团是一家国际性的服务公司，它成功地为《财富》杂志的一千家公司提供了高质量的建筑咨询、建筑清洁、基础结构维护和航空服务。新的总部办公大楼必须提供一个具有高度灵活可变性和团队工作性的空间，就像其雇员的工作方式也总是机动的——他们使用办公室来进行会议并在笔记本电脑前完成工作。在满足项目实际功能需要和预算的情况下，业主要求用一个前沿的室内空间方案来挑战其清洁公司的身份。为了重新定位其商业形象，公司将从一个8000平方英尺的工业大厦搬迁至一个4500平方英尺的市区商业大楼。办公楼坐落在洛杉矶市区中心公共图书馆附近的一座典型的A形摩天平层建筑物中。这一位置给予该公司一个超过13英尺的清晰垂直高度，这在高层建筑中是很罕见的。建筑空间的两侧从地面到屋顶均有玻璃窗，给现有的室内带来一种类似阁楼的特质。

漂浮在这个类阁楼空间中央的是一个长的、半透明的塑料围合，它的一端是一个大型会议室，而另一端则有一个小会客室。整个围合的外表面使用了波浪状肌理的塑料墙面，这种墙面不仅为周围的开放空间提供照明，还在开放空间和周围办公室之间起到遮挡的作用。围合的设置方式形成了一个小型的前厅供人小憩，同时其本身也成为了整个大厅的背景。会议室的内衬安装了围合的玻璃来满足隔声的需要，设置在每一个结构肋之间的平板玻璃就像水晶宝石一样漂浮在有图案的曲线塑料墙内。

塑料围合靠一系列铆定在现有空间中央的地板和顶棚上的层积胶合板肋骨支撑。每一根肋骨的形状都是独特的并与每一块玻璃及塑料面板相联结。使用电脑技术设计过程的开始，形状、尺寸和曲度上的变化都和建造的成本预算相关联。塑料表面的复杂曲线是通过使用格雷戈·林恩形式事务所的一种三轴的电脑数值控制轧边机械切割高密度氨基甲酸酯泡沫塑料制作而成的。在切割机械控制泡沫塑料面板的整体形状的同时，由数码设计出的三维墙纸浮雕图案也在塑料墙面上实现。机械的钻头厚度和其工作时的路径还使得浮雕图案包括了一个扇形边。大规模的图案效应使塑料产生了一种类似灯芯绒的质感，而不是一个光滑平稳的表面。这些泡沫块随后被用来当作铸模，使1/4英寸厚的回收塑料薄片在强热和真空的压力下重新聚合，以记录每一块面板表面所包含的肌理、图案和形式信息。

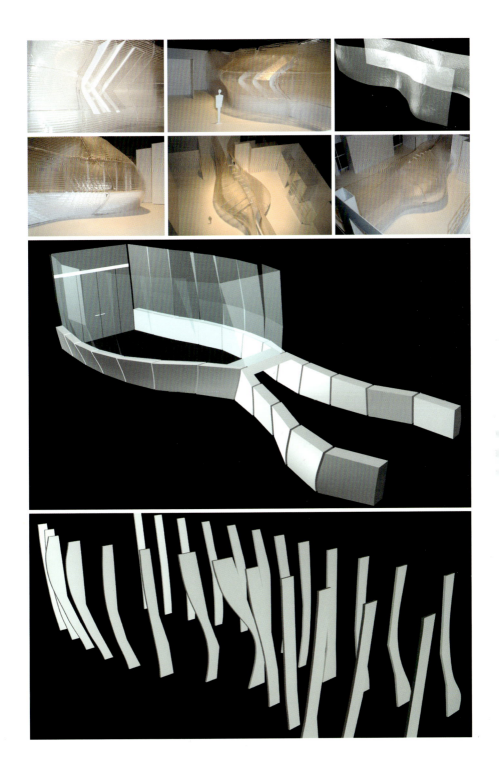

表皮 / 资源集团公司总部大楼

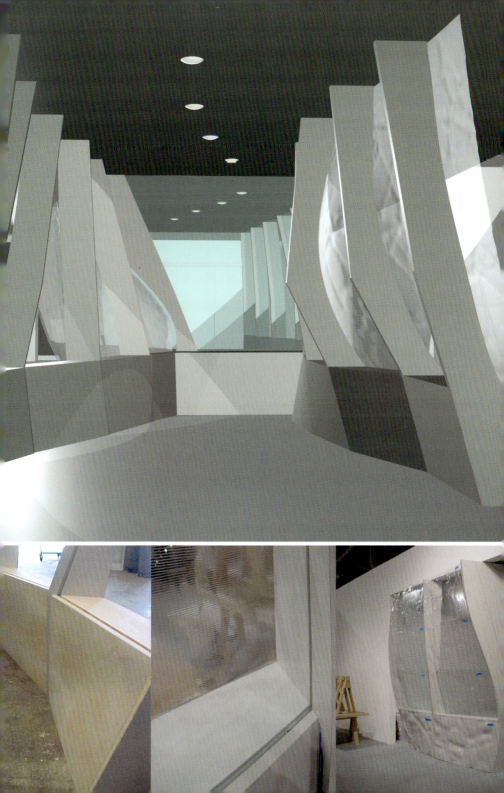

自动贩卖机 /
Oskary Vony Miller第31街的竞赛作品

20世纪,透明性一直是以工业生产为基础的生产和消费型经济中主导的艺术和经验范式。在这个设计竞赛中,法兰克福的建筑物、艺术品、产品以及城市中的行人之间的关系被纳入考量范围。格雷戈·林恩形式事务所的设计用半透明物质、流量与突变来使这些原本截然不同的、有着清晰界限的领域走向一种暧昧的融合。

自动贩卖机不仅出售商品,还传播广告图像,它们周身包裹着其所售卖商品的商标和标志。建筑师从贩卖机上将这些表皮脱下,代之以一种更为集合性的表皮,上面循环着不具有商业性和品牌推广作用的图像。从这种表皮的尺度、密度和其表面活性来看,它类似巨大的公告牌。在表皮后面,贩卖机被集中排列在一个不断移动的传送皮带上,就像商用烤炉、寿司餐厅以及集中生产线上所使用的一样。商品将被传

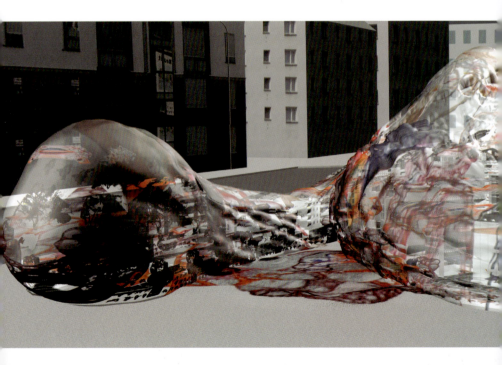

送带投递到位于场地边角的三个出口中的一个,在这里,人们可以使用信用卡、纸币和硬币来购买商品。

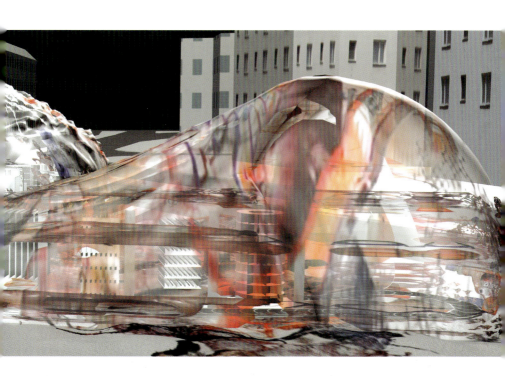

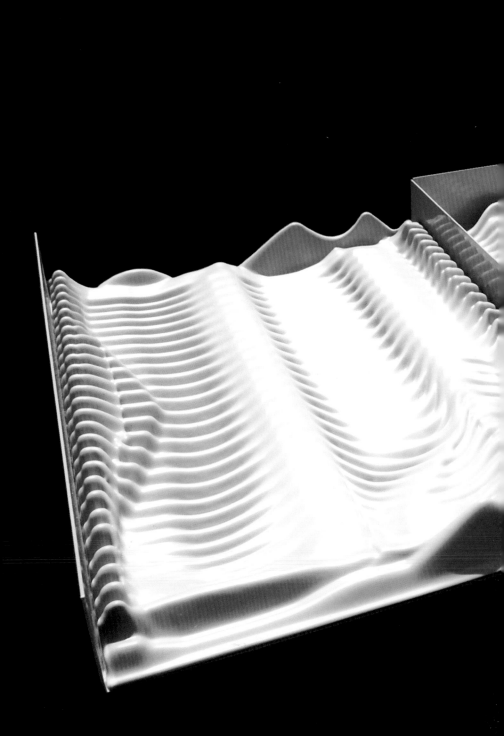

06 ╳ 牙齿
TEETH PROJECT

为Dior Homme（迪奥·桀傲）设计一个梦幻之盒的初衷是想得到一个没有任何附属机械形式或类似铰链和合钩接缝的瓷漆盒。两个联锁表面的摩擦，就像牙齿和咽喉，是保持盒子闭合的方法。通过设计让两个相应的表面发生联系并且使两者绞缠在一起就是"牙齿"形态学。

梦幻盒子 / 梦幻34

《梦幻》是一本四季风行的时尚刊物,它邀请诸如Philip Starck、Marc Newson、Karl Lagerfeld等设计师、艺术家和建筑师来设计不同主题的个性化盒子。这些盒子由时装设计机构提供资金支持。盒子设计的创意通常指向这些赞助者的形象。34期的主题是由Christian Dior Homme的新任设计总管Hedi Slimane与《梦幻》的设计师Greg Foley两人共同编辑和设计的。这期的主题是巴黎——通过镜头下的当代音乐文化、德方斯的办公景观、零售店橱窗、网页设计和电视来观察巴黎。这个主题的内容是关于全球性的、技术性的、围绕的、几何的、节奏性、重复性和视觉上的环境和氛围。该杂志所捕捉到的巴黎充斥着一种残酷的现代性,人们能感受到的只有对于20世纪七八十年代的留恋。

建筑师试图通过抽象的形式和材料语言以及一个看不到任何外部构件或硬件的金属或塑料盒子来对这种感受作出回应。这个直线的冷灰色粉末涂层的单体铝盒子是这期主题内容与Hedi Slimane为Dior设计的新形象相结合的直接产物,所有这些都基于爽脆明快的冷灰色单体叠合形式。盒子的内部空间揭示了一种清晰的数字化设计和制造形式,并且是来源于当代思考的几何样式。为了消除所有意味着机械附属物的东西(诸如铰链、钩子、锁和把手),设计师将表面设计为两个咬在一起的形如"牙床"的互补装置来使盒子呈闭合状态。内部表面边缘上互相弯曲的凹洞保证了两个铝制表面被拼合在一起。杂志则漂浮在盒子中心的波浪形系统上。最小的结点像两颗牙一样咬合在一起。两个开边的端缘设计成可以在两旁斜立起来。除了作为盒子使用,两个铝片以及其真空成型的塑料表面嵌入物还可以被作为浅浮雕来进行展示。

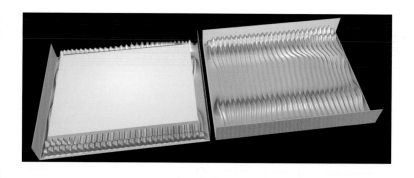

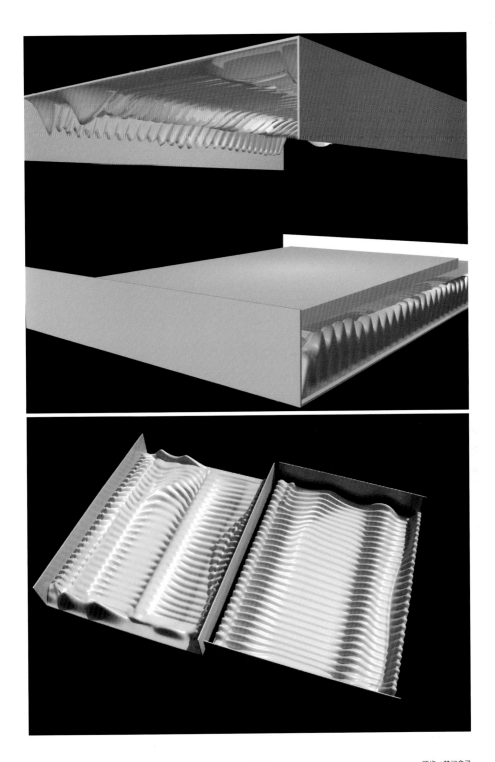

牙齿 / 梦幻盒子

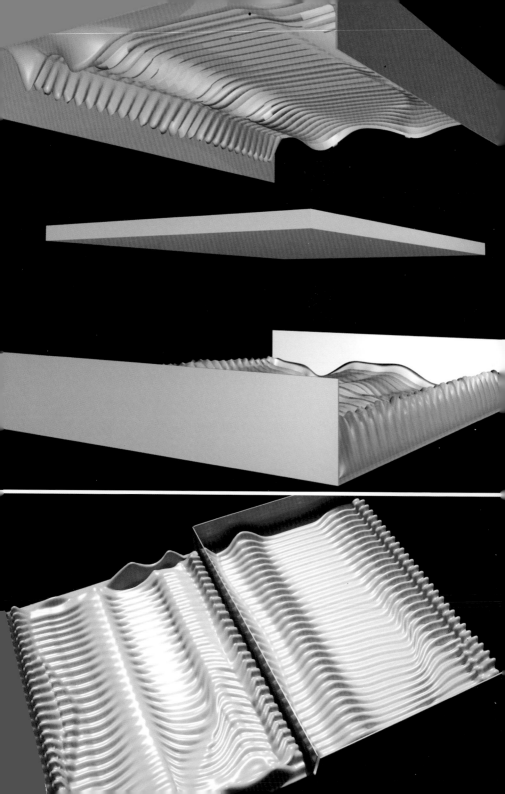

隐形棋盘 / Dietch项目

这个棋盘设计的想法源于ORFI设计小组（"回归时尚兴趣"组织）的创意。他们的概念是从当代的角度来重新思考棋类游戏的意义——具有中世纪领域和冲突的原始精神但没有封建社会的象征含义。ORFI所设计的棋子反映了权力、领域和技术。这些创意是通过与棋子的历史和传统功能相联系的物体来实现的。棋子分别代表海啸波浪（自然／水／力量／可塑性／板块构造／分裂）、数据块（超级计算机／数据缓冲储存／世界银行／FBI和CIA／选举票计数器／主机和服务器）、大型机械（运输／货车运输／冷藏／油轮／装甲船货）、DNA链（基因图谱／克隆／药物工程学／IQ／身体天赋）、放射能（有毒的／有放射性的／可回收的／土地再利用）、城市与森林（罗伯特·泰勒住宅／城市规划／乌托邦理想／房地产／参天森林／国家公园／木材）。棋盘作为一个不稳定世界的模型（不断变化的全球／宇宙／自然／科学／文明／洞察力／愚昧性），被设计成一个具有体量和容量的景观而非一个单纯的平面，它被放置在一个多起伏的底座上，而棋盘上突起的凹洞正好与棋子底部的圆锥形尖头呼应。棋具设计由Dietch方案启动，并请4位艺术家设计了24个不同的版本。棋盘由格雷戈·林恩事务所制造，材料最早使用木材，后来变成环氧树脂。设计师按照确定的形式浇铸了硅模板框和氨基甲酸酯物。棋子是用硅和氨基甲酸酯物经过同样的激光固化快速成型过程制造而成。棋盘和棋子共有三种颜色可供选择：透明、黑和白。

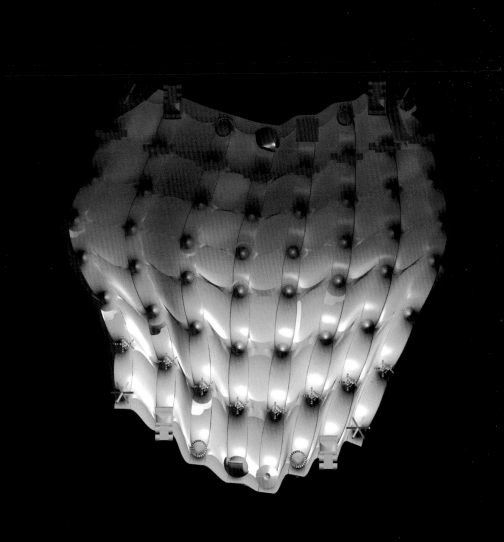

牙齿／梦幻盒子

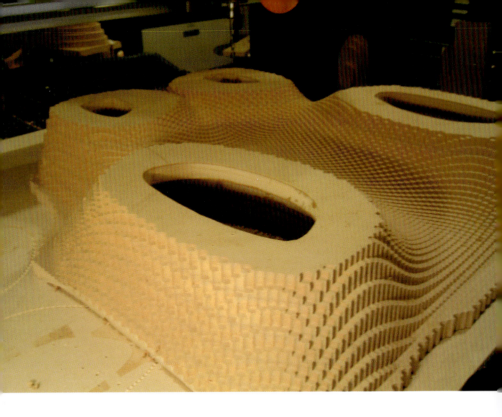

威特拉"馄饨"休闲椅、矮凳和小桌

威特拉"馄饨"休闲椅、矮凳和小桌结合了涡曲和流线体设计的特点,可以形成排组和编列的格局。它们的流线体格和边缘曲线可以相互交融。事务所的产品设计,从梦幻盒子的设计开始就通过表面复杂的曲面变化消除铰链、钩子和接点,并透过对基于人工环境学的双层墙面构造原理,在阿莱西产品上利用表面肌理消除把手和茶托,同样,"馄饨"家具也把支架融入了波状起伏的表皮:上层是一种木质褶面套饰,下层是一种玻璃纤维套饰。坐椅的表面可以调节坐垫、扶手和靠背的厚密度,使不同的坐姿得到最大的舒适感。扶手和靠背可以接纳歪斜和横躺的坐姿,手和脚可以越过靠背和椅子的边线。这种连续套饰表皮是由计算机数字控制的三维编织机制造,因此成型结构很精美。就像套衫一样,这些表皮盖住了泡沫内垫。曲形表面形成的像动物一样的图案从侧面和上面构筑了不同的轮廓剪影。

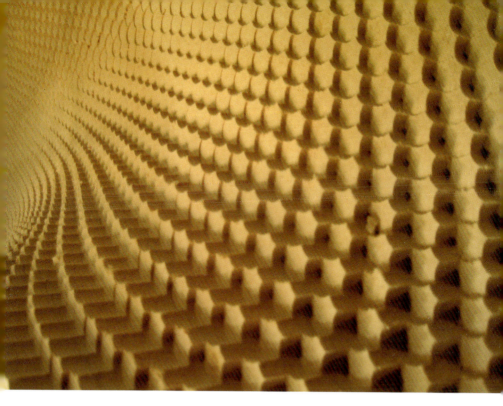

牙齿／威特拉"馄饨"休闲椅、矮凳和小桌

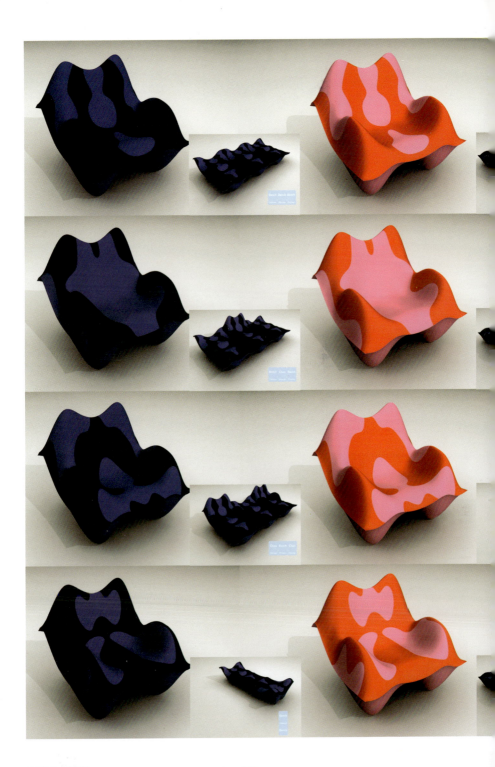

牙齿／威特拉"馄饨"休闲椅、矮凳和小桌

盛开的住宅

"盛开的住宅"是一个位于35英尺×90英尺开阔地上的可以远眺太平洋的填入式建筑。住宅的外部形态是带有一系列不锈钢边饰孔眼窗的箱体。不锈钢边饰沿着东、西立面延伸,南、北立面转角上都装有窗户。建筑的内部有着大量的波状起伏的表面,并从屋顶和墙面体现出来,这就明确地定义了空间单元、家具和灯光。它们是带车库的2~1/2楼层建筑,佣人间和水电间在水淹层。与前庭间隔30英寸(注:1英寸=2.54厘米)的上部是第一层,有起居室、餐厅和带露台的厨房。穿过长长的开阔空间就像一个挂在屋顶的明亮的玻璃纤维灯箱。在餐厅和厨房之间是两个曲体单元,用来做厕所和办公室。在起居室里,墙上凸出部分是壁炉。三个卧室都在上层,主卧、主卧洗漱间和次卧墙体由可里丽耐材料(一种墙体材料)塑造。上层的廊墙、下层的两个小单元和壁炉都是激光切割的板材框架,上面覆盖着石膏板。

屋顶平面图

一层平面图

二层平面图

地下层平面图

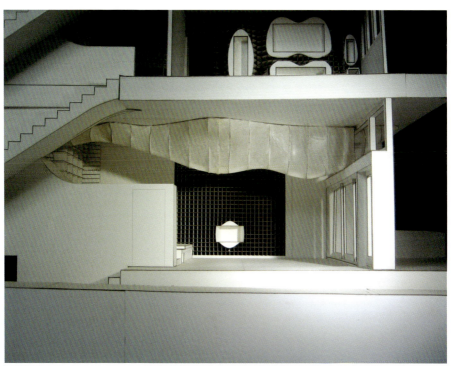
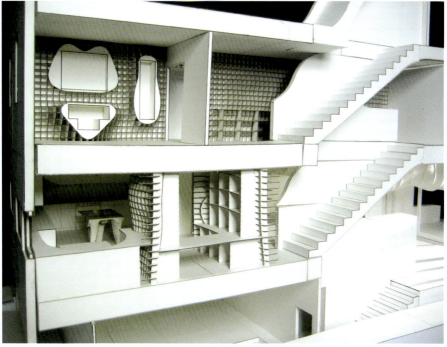

牙齿/盛开的住宅

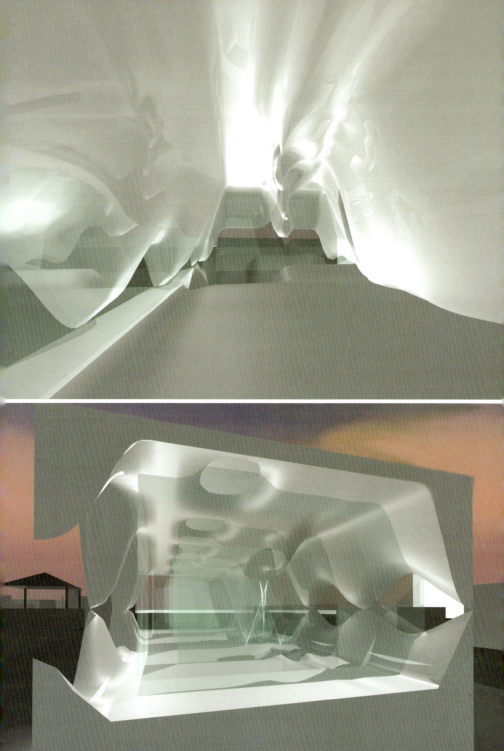

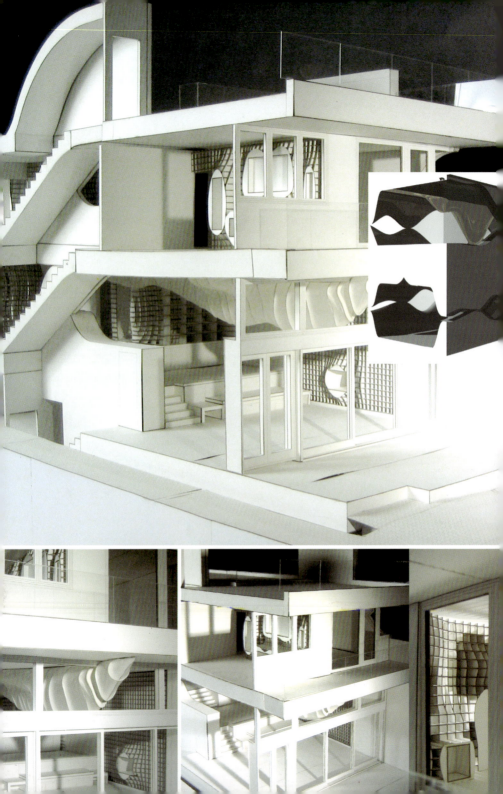

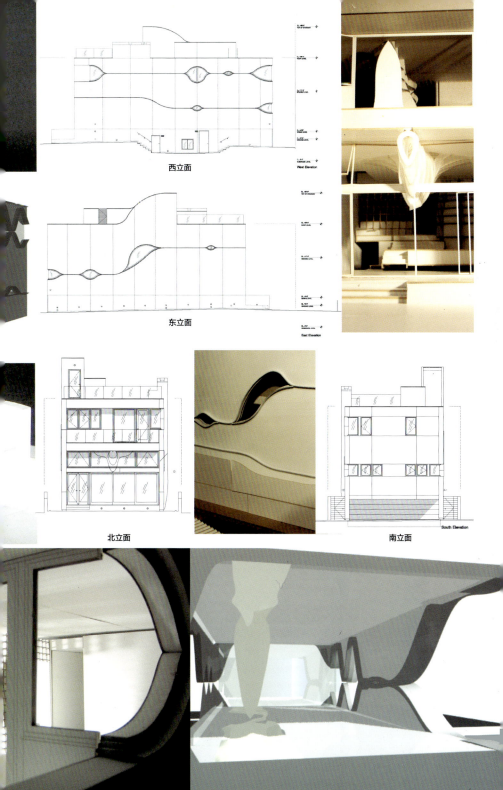

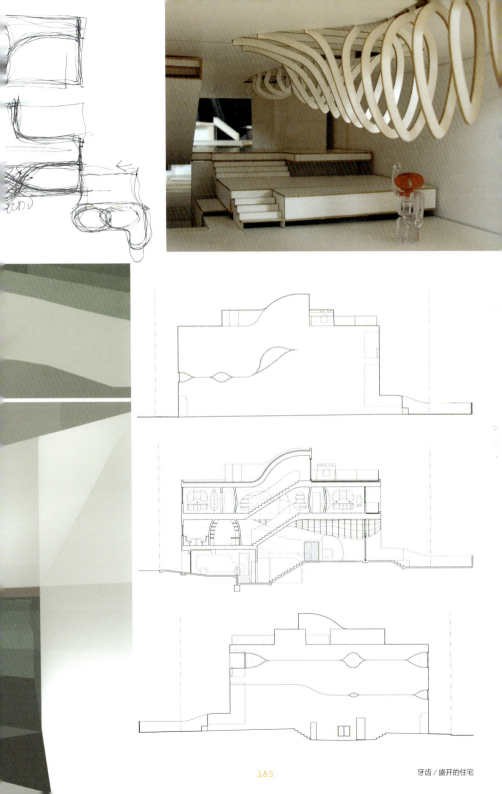

牙齿 / 盛开的住宅

07 枝桠
BRANCH PROJECT

枝桠是建立在维管束基础之上的拓展研究,它被首先应用于加地夫海岸歌剧院竞赛。宛如一根细管的裂口,一个多重线性路径上的分支,一个与多个之间的张力——或者说多样性的张力——正是枝桠系统的一个属性。

加地夫海湾歌剧院／威尔士

威尔士国家歌剧院选址在废弃的加地夫海湾内港工业码头，这对加地夫港口的地形历史和其港口都市空间的延续提出了一个新的概念。建筑师提出的方案利用了废止的卵形盆技术的空壳作为土地和水域之间的界面来创造一种新的滨水地区城市设施，而非一个缅怀过去的纪念性建筑。为了实现歌剧院与水域的连接，通过借用船坞斜坡入水的形式，设计了一个可供潮水穿行的新的公共引水渠。歌剧院的设计不是作为一个单体建筑存在，而是作为融入公共空间和项目的城市设施来考虑的。正如船坞以支架的作用把船体抬起来一样，巨大的歌剧院被引水渠支撑起来，这个方案的结构通过两个系统来构成：一体化的翼墙和肋结构的外壳。这两个系统都被一种轻型的张力薄膜包裹起来，并为可建造的区域提供一个可庇护的渗透性环境空间。这个方案以一种与周围事物迥然相异的闪耀形象包裹在一个废弃的技术码头遗迹的蛹当中，其本身融入滨水码头的地形历史与工业遗址当中，同时也树立了一种新的城市设施形象，并延续了这个城市码头与地形的历史。

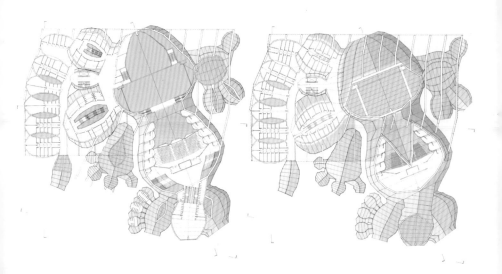

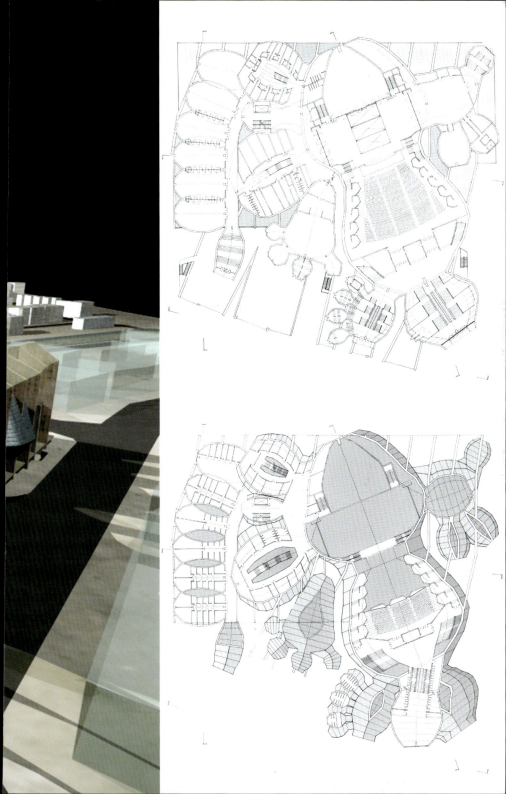

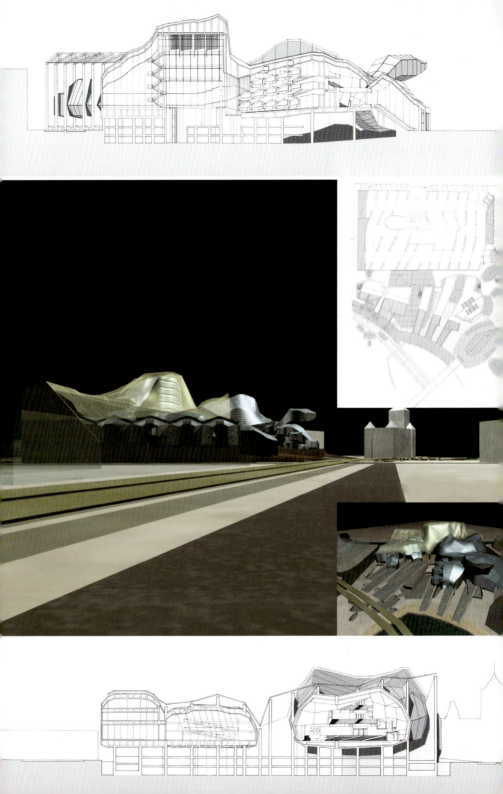

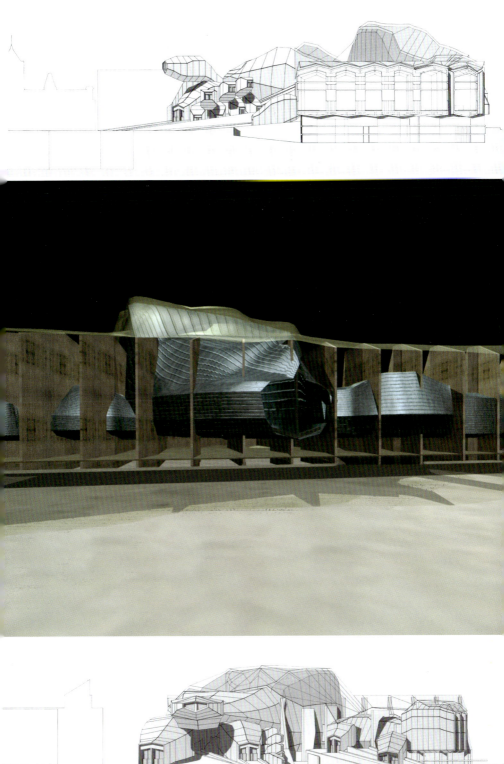

欧洲中央银行 / 法兰克福，德国

此方案是格雷戈·林恩事务所应邀参加位于德国法兰克福的欧洲中央银行新总部大楼设计竞赛的首轮参赛方案。联合建筑师作为受邀的80个设计公司之一来进行方案设计。方案通过在天际线上创造一个强壮的球体形象来突出这个建筑作为欧洲人文经济中心和欧洲货币系统的象征地位。一组组的旋转楼层沿着电梯和楼梯的核心区周边形成一个球体，同时在办公楼层区造就了6个中庭，并在建筑中心形成了一个可以眺望城市的户外中空区。

这个直径为120米、高100米的球体设有30个办公楼层。建筑物的凹面轮廓造成了每层不同的平面；同时，由于整个系统的对称性使建筑元素不断重复，从而提供了一个具有很强逻辑性的结构，并且保证了整栋建筑的可行性。欧洲中央银行的工作人员和贵宾从两个分开的门厅进入大厦，两个门厅均从地下层进入。两个门厅均有一个垂直上升的内空间。分布在第三个楼层上的餐厅设施以及银行员工的非正式会面场所从中部将这一垂直空间隔断，而越过这一部分，垂直中空继续上升。绿色植被

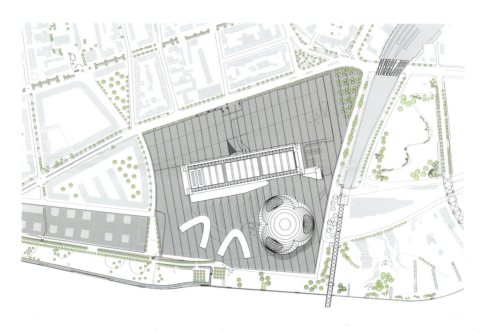

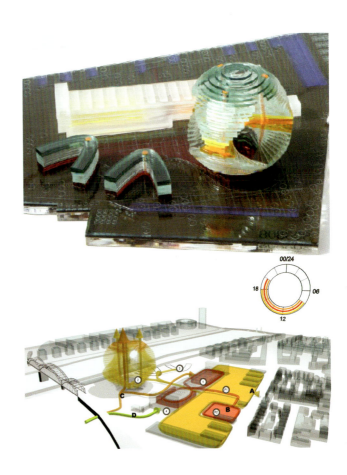

墙包裹垂直空间的上下两端，形成一个垂直的可持续内环境。门厅层也是三个腾空系统的始端。每一个腾空区都连接着球体建筑的一翼。从结构上来说，这些腾空区就像枢轴一样工作，楼层都围绕着枢轴旋转。每层的平面由于尺度不同以及在球体建筑内的位置不同而具有不同的形状。因此，出现了圆形和三角形；而在整个球体的心脏部位出现了螺旋形，这里也是中空被隔断的地方和楼层的万象连接处。这种形态构成造成了独特的楼层平面序列，保证了每个办公室的户外视野与日照的最佳化。

整个设计的核心是透明、公正、优异与高效，这也正是欧洲中央银行希望此建筑反映的价值。对这些价值的建筑性传达将建筑师引入了寻求地标性设计的新起点：这并不是一栋自豪地标榜着现代工业大都市文化的全球性优势的摩天大楼，这不是功能主义者倡导的混凝土建筑，更不是20世纪中期大量带有官僚主义特色的匿名纪念碑。这个球体坐落在地段的东南角，以理性的面向未来的科技内涵呈现在一片敞亮、透明的图景之中，同时显现出其完整的品质、组合的可能性以及统一的原则。球体并没有传统的银行建筑所具有的厚重的正立面，但是它仍然将其独特的悠久历史作为共享价值纪念性表达出来。

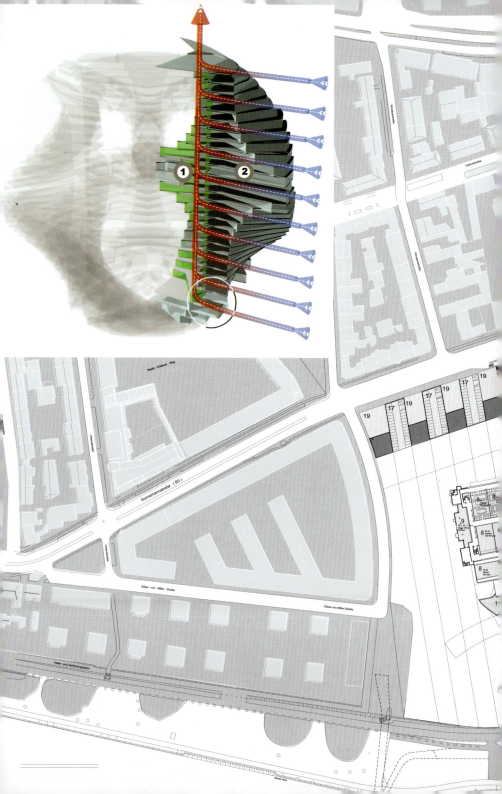

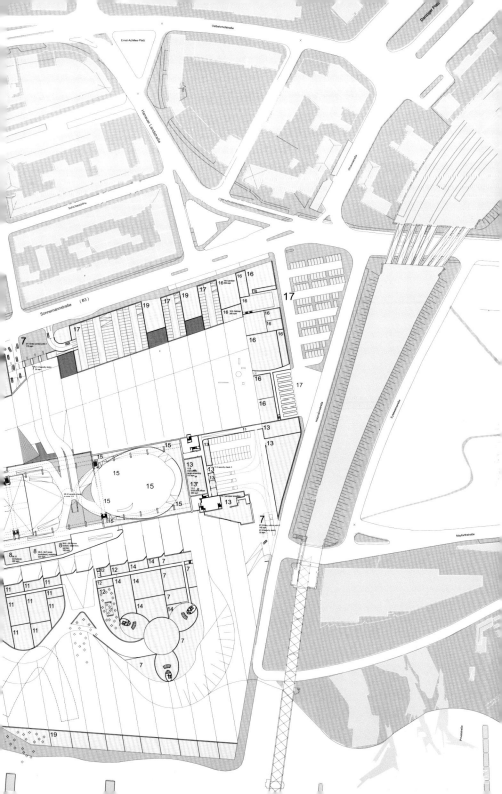

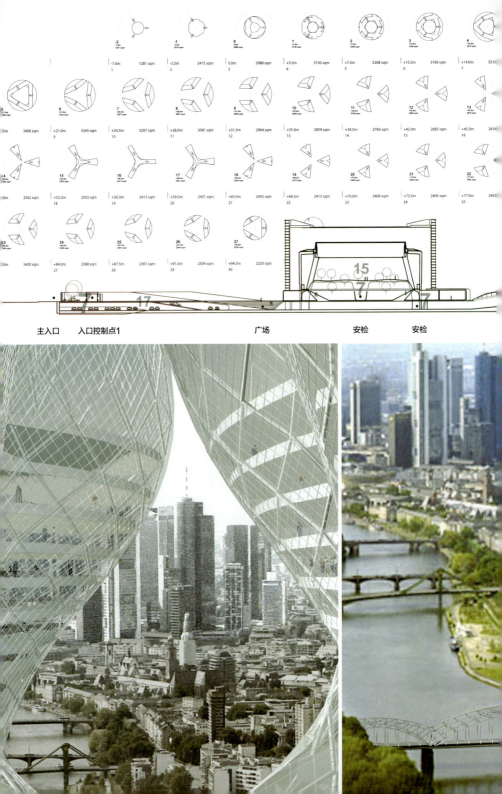

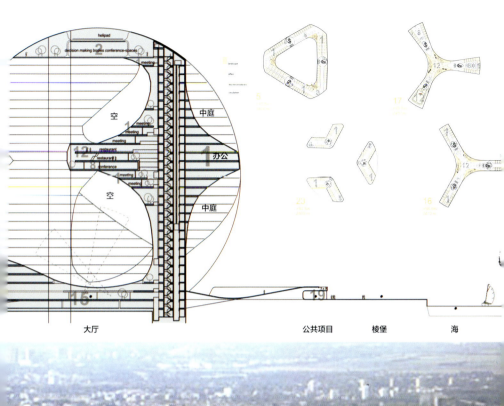

08 骼构
LATTICE PROJECT

表面结构以骼构的形式铰接在一起通常是比柱、梁、或是横梁式结构更为合理的连接方式。正如一片树叶的叶脉不同程度地加固了叶面一样,构建和细化一个平面最为合适的方法并不是简单地将荷载传递至地面。悬臂和无支撑跨度仅仅利用了表面结构逻辑的周缘而并非涉及它的量化。另外,圣·盖仑·康斯特博物馆、世界方舟以及社会学都市的骼构结构表面都产生了一种受到建筑的波浪形式所驱使的装饰性与结构性的融合。

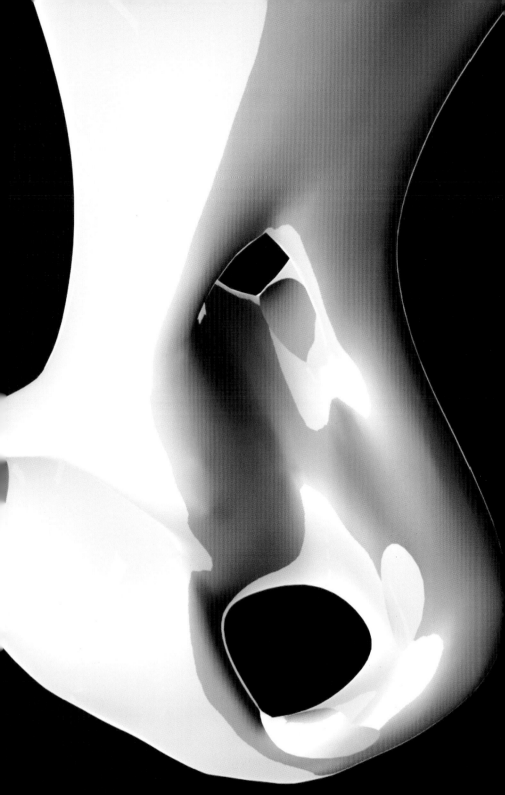

躁动的仃格尔／分离博物馆

这个由格雷戈·林恩与费边·马卡西欧合作完成的临时性装置是建筑与绘画的组合，它反映了早期那些首先使这个博物馆成为现实的分离派艺术家们的作品。格雷戈·林恩为分离博物馆设计的方案源自穹顶，整栋建筑最为显著的标志是对于分离派运动的象征性。从类似植物性生长的钢结构发展出一种没有角落和边缘的流动的、无定形的结构，一组包含了从正立面的穹顶延伸至入口大厅再到分离派展厅的铝杆建造，这种在动态运动中又同时具有数学精确性的结构不断地强调了穹顶的有机结构，以及它与分离派建筑的刚性几何学之间复杂的建筑性对比。延伸至整个展示空间的铝杆都被覆盖在马卡西欧的绘画之下。在这种明确的空间装置中，两位艺术家共同缔造了一种具有建筑性、雕塑性并且融合了绘画成分的新概念。

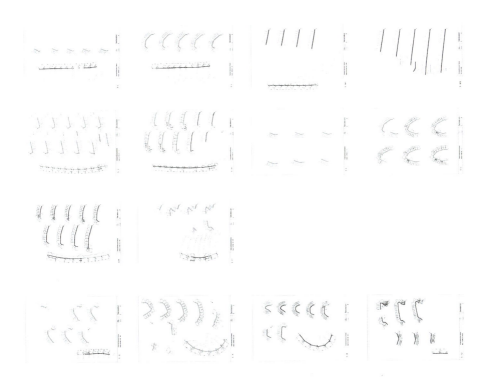

骸构 / 躁动的仃格尔

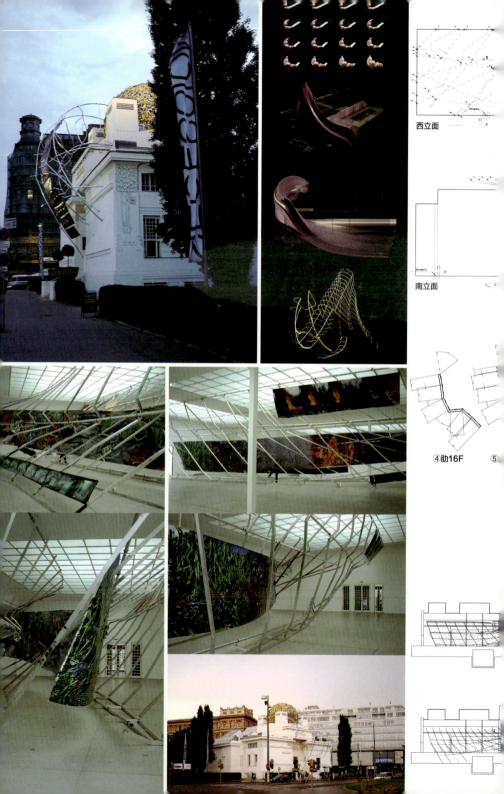

西立面

南立面

④肋16F ⑤

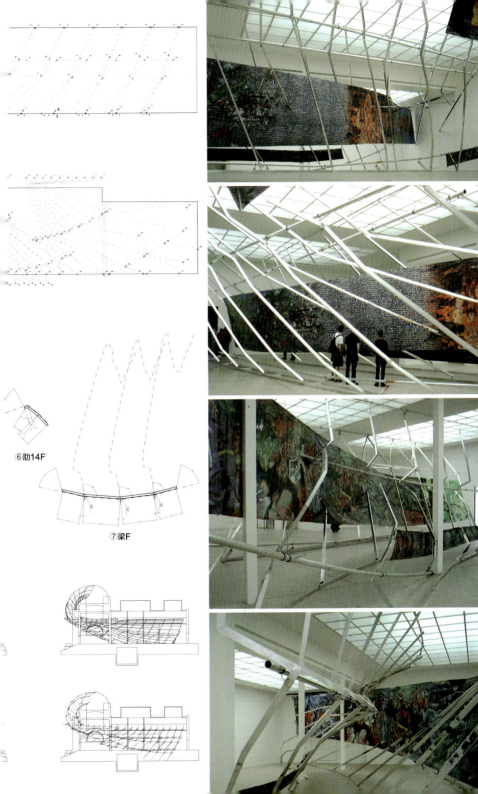

⑥肋14F

⑦梁F

"分歧"——N.O.A.H.(新外大气层住宅)

"分歧"是一个超概念的科幻讽喻,更多的是探讨社会政治是如何塑造我们的世界和未来的。它融合了文学建筑和社会批评并以电影作品的形式展现给公众。在电影里,N.O.A.H.新外大气层住宅是一个复合定向、气孔状和城市规模的人工空间站,有着亿万家庭。它的设计高效利用了地心引力的自由定向,非常类似于一个细胞间质和细菌空间,小到只能让地心引力在室内定向上扮演一个小角色。N.O.A.H.被外太空和微观气候筛分,并直接从地球移植。设计概念结合了建筑、技术和陆居生物,创造了一个生活空间的新理念。更远一点说,N.O.A.H.类比了一个浩瀚的离散的形态,是来自封闭者的观察,它变成了不稳定情绪和系数细胞质的联合体。这些细胞创建了一种多样化的结构层面——相似于珊瑚礁——可以读解为有容量的洞穴,当与外表皮交叉时,就像一个火山口喷发,给室内带来光线和空气。电影中体现了四个显著的N.O.A.H.设计,它们的设计和技术是Sci-Fi社会和政治恐惧的基础,并在N.O.A.H.的栖居地和地球之间显露出来。

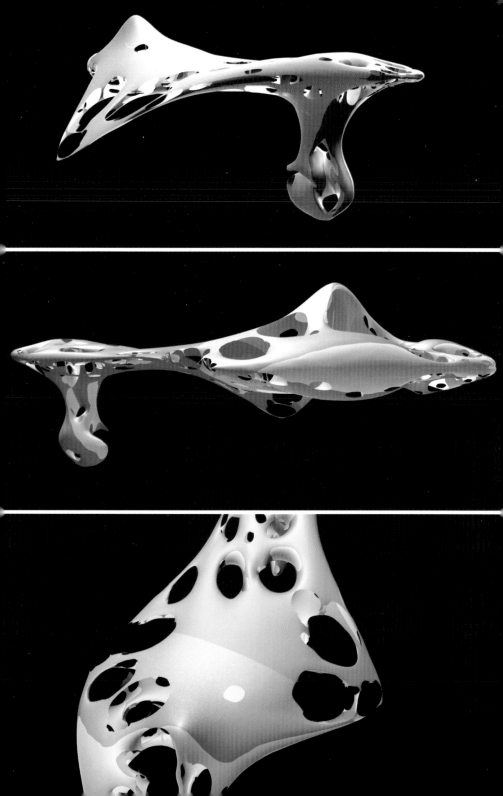

The shape of Noah mutates in a quasi-mechanical manner based on the
blitzing of cellular modules.

The shape change is based on growth, expansion and contraction of size as
well as reorganization.

The change in shape change is between an accelerated urban change due
to construction as well as the environmental undulations of a tide, a cloud
moving across the sky or blowing sand; only at the scale of vast building.

Blitzed time lapse construction site

Chains of rooms grow like Kelp forest form coral like masses on the exterior

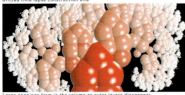
Large openings form in the volume as outer layers disappear

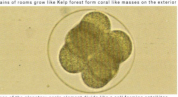
Areas of the planetary scale element divide like a cell forming satellites

Mutable shape of N.O.A.H.   Divide   N.O.A.H. America Concept Design   00

The skin of Noah has various scales of openings. Because of the
spheroidal shape and depth there is the need to have layers of structure
from the perimeter to the core as well as chambers and volumes, like a
coral reef.

The largest scale openings that look like craters from a distance but are
become massive volumes that bring light and air into the interior chambers
of N.O.A.H.

The outermost surface is a teflon like membrane that is extremely taught
and does not fluctuate.

Below this layer is a layer of pores that expand and contract like an iris
lens.

The solar orientations have open iris elements and the shaded areas of the
surface have a thicker crust of construction. In-between these areas is a
surface that is always humming and flickering as the construction flips
back and forth due to the movement of the N.O.A.H.

Volume with Central Park scale 3D chambers connected to the surface

Pores that expand and contract like an iris lens

Mega-structural panels subdivided into hexagonal microstructure

Solar versus shade elements of the surface and the coastal areas

N.O.A.H.'s volume and surface   Divide   N.O.A.H. America Concept Design   00

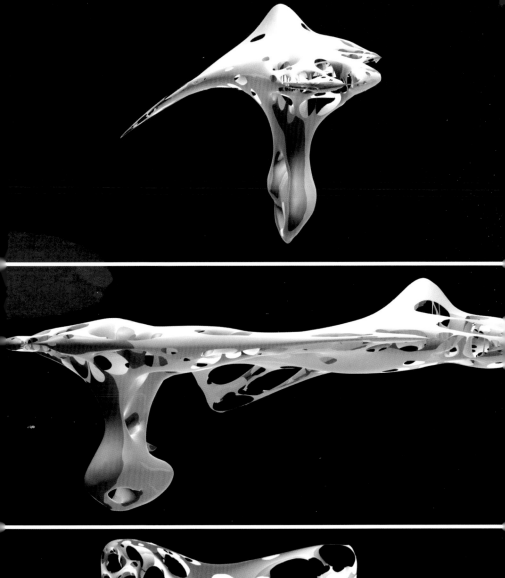

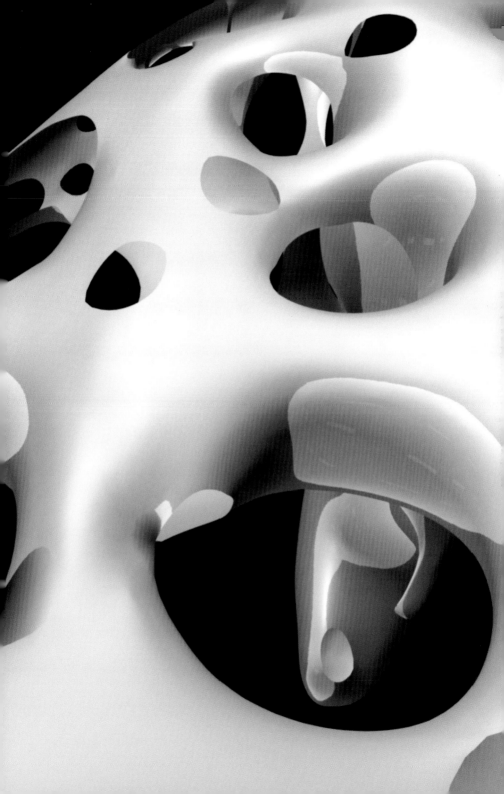

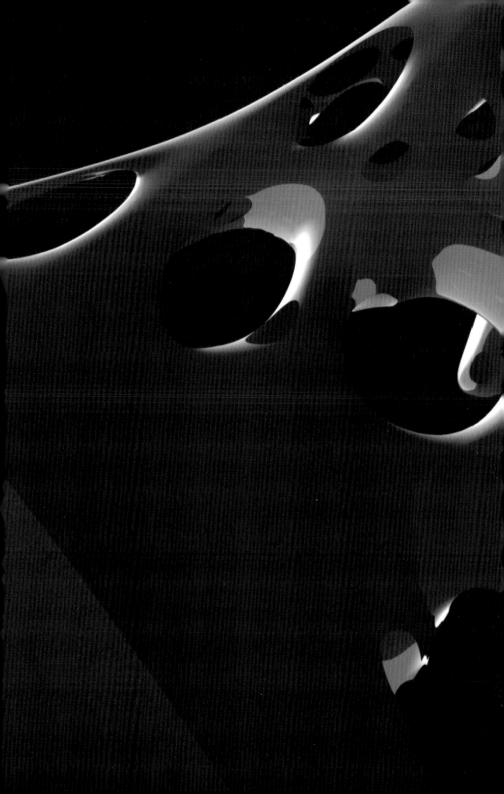

丛书策划： 仇宏洲

本套丛书在编写、制作过程中，得到了蓝青、舒玉莹、王俊法、李挺、袁景帅、张颖、张新、杨波、凡晓芝、高君、林斌、高建国、华建等人给予的大力支持与帮助，在此一并表示感谢。

21世纪数字+生态先锋建筑丛书的所有内容均由原著作权人授权AADCU国际机构出版项目使用，任何个人和团体不得以任何媒介形式翻录，中文版的编著由AADCU国际机构北京办事处授权。

简介_Greg Lynn

Greg Lynn毕业于迈阿密大学哲学专业和环境设计专业，获双学士学位，随后取得普林斯顿大学建筑硕士学位。曾为安东尼·普里多克（Antoine Predock）和彼得·埃森曼（Peter Eisenmann）工作，于1994年建立自己的工作室。作为前卫建筑学者，他曾经任教于苏黎世联邦高等工业大学（ETH）、耶鲁大学建筑学院、加利福尼亚大学洛杉矶分校（UCLA）等知名学府。从20世纪90年代中期开始，Greg Lynn就已经成为利用动画软件进行建筑设计的先锋，其创新实践在年轻建筑师当中产生了广泛的影响。2000年，作为唯一入选的建筑师，Greg Lynn被《时代周刊》评为全球100位将会对21世纪产生重大影响的创新者之一，2008年，在第十一届威尼斯建筑双年展上荣获金狮奖。Greg Lynn是数字建筑理论的奠基者之一，其著作"Animate Form"被公认为该领域的经典。